[苏]维塔利·比安基 著 周露 译

四川文艺出版社

图书在版编目（CIP）数据

森林报. 夏 / (苏) 维塔利·比安基著 ; 周露译
. -- 成都 : 四川文艺出版社, 2021.2
ISBN 978-7-5411-5794-3

Ⅰ. ①森… Ⅱ. ①维… ②周… Ⅲ. ①森林—青少年读物 Ⅳ. ①S7-49

中国版本图书馆CIP数据核字（2020）第168341号

SENLINBAO XIA

森林报·夏

［苏］维塔利·比安基 著　周露 译

出品人　张庆宁
责任编辑　叶竹君
责任校对　段　敏
封面设计　赵　书
版式设计　史小燕
责任印制　崔　娜
插　　图　赵　书　赵海月

出版发行　四川文艺出版社
社　　址　成都市槐树街 2 号
网　　址　www.scwys.com
电　　话　028-86259287（发行部）　028-86259303（编辑部）
传　　真　028-86259306

邮购地址　成都市槐树街 2 号四川文艺出版社邮购部　610031
排　　版　四川胜翔数码印务设计有限公司
印　　刷　成都勤德印务有限公司
成品尺寸　145mm × 210mm　开　本　32 开
印　　张　8.5　字　数　150 千
版　　次　2021 年 2 月第一版　印　次　2021 年 2 月第一次印刷
书　　号　ISBN 978-7-5411-5794-3
定　　价　25.00 元

森林报

夏

夏

夏

夏

SENLINBAO 森林报

NO.4

〔夏季第一月〕鸟儿筑巢月

6月21日—7月20日 太阳转入巨蟹宫

一年：十二个月的太阳史诗——6月

6月里，蔷薇花开了，候鸟搬完了家，夏天开始了。现在白昼最长。在遥远的北方，完全没有了夜晚，太阳一天二十四小时都挂在天上。在潮湿的草地上，花儿开得越来越富于阳光的色彩，金凤花、立金花、毛茛等把草地染得一片金黄。

这时，人们在太阳初升的黎明时分，采集可用于治病的花、花茎和草根，以备在突然生病的时候，可以把贮存在花草里的太阳的生命力，转移到自己身上来。

一年之中白昼最长的一天夏至（6月22日）过去了。

从这一天起，白昼开始慢慢地、慢慢地缩短。缩短的速度跟春天的光明增加的速度一样慢。不过人们感觉却挺快。民间俗话说："夏天的头顶已经从篱笆缝里露出来了……"

所有的鸣禽都有了自己的巢，所有的巢里都下了蛋，各种颜色应有尽有。脆弱的小生命透过薄薄的蛋壳，露出来了。

各居其所

孵小鸟的季节到了。森林中的居民都给自己造了房子。

我们的记者决定去了解一下：那些飞禽走兽、鱼和昆虫都住在什么地方？它们过得怎么样？

漂亮的住房

原来，现在整个树林里，从上到下都住满了。不论哪里，一点空地都没有了。地上、地下、水上、水下、树枝上、树干中、草丛里、半空中，全住满了。

黄鹂把住房盖在半空中。它用大麻、草茎和毛发，编成一间轻巧的小篮子形状的住房，把它高高地挂在白桦树枝上。小篮子里放着黄鹂的蛋。你说怪不怪，风吹动树枝的时候，蛋却不会被打破。

百灵、林鹨（liù）、鹀（wú）和许多别的鸟把住房搭在草丛里。我们记者最喜欢篱莺的巢棚。它用干草和干苔搭成，带有棚顶，门开在侧面。

鼯（wú）鼠（松鼠的一种，脚趾间有一层薄膜相连接）、木蠹（dù）、小蠹虫、啄木鸟、山雀、椋（liáng）鸟、猫头鹰和许多其他的鸟把住房盖在树洞里。

鼹鼠、田鼠、獾、灰沙燕、翠鸟和各种各样的昆虫把住宅建在地底下。

鸊鷉（pì tī）是一种潜水鸟。它的巢浮在水上，用沼泽地里的草、芦苇和水藻搭建而成。鸊鷉住在这只浮动的巢里，仿佛乘着木筏似的，在湖里漂来漂去。

石蛾和银色水蜘蛛把小房子建在水底下。

最佳住房

我们的记者想找到一所最优秀的住房。原来，要确定哪一所住房最佳，可没那么容易呢！

雕的巢用粗树枝搭成，面积最大，搁在粗大的松树上。

黄头戴菊鸟的巢最小，只有小拳头那么大，而它自己的身子，比蜻蜓还小。

田鼠的住房构思最巧妙，有许多前门、后门和安全门。无论你花多大力气，也别想在它的房间里捉到它。

卷叶象鼻虫的住房最精美。卷叶象鼻虫是一种带长吻的甲虫。它咬掉白桦树叶的叶脉，等到叶子枯萎的时候，就把叶子卷成圆柱形，再用唾液粘牢。雌卷叶象鼻虫就在这圆柱形的小房子里孕育后代。

戴领带的勾嘴鹬和夜游神夜莺的家最简陋。勾嘴鹬直接把四个蛋产在小河边的沙滩上。夜莺把蛋产在小坑里或者树底下的枯叶堆里。它们都不肯花大力气造房子。

反舌鸟[①]的小屋子最漂亮。它的小巢搭在白桦树枝上，由苔藓和薄薄的桦树皮装饰而成。它还在别墅的花园里，捡到人们丢弃的彩色纸片，把它们编在巢上当作装饰物。

长尾巴山雀的小巢最舒适。由于它的身材很像一只盛汤用的长柄勺，因此它也被称作汤勺。巢的里层用绒毛、羽毛和兽毛编成，外层用苔藓粘牢。整个巢呈圆形，像只小南瓜。有个小圆门，开在巢的正当中。

石蛾幼虫的小房子最轻巧。

石蛾是长着翅膀的昆虫。当它们停止不动的时候，便收拢翅膀，盖在背上，刚好能遮蔽全身。石蛾的幼虫还没

---

① 反舌鸟属于篱莺的一种，擅长模仿人的声音和其他鸟的叫声。

长出翅膀，全身赤裸，没有东西可以遮挡身体。它们住在小河和小溪底。

石蛾的幼虫先找到跟自己的脊背差不多长的细树枝或者芦苇，接着把沙泥做成的小圆筒糊在那上面，然后倒爬进去。

这真的很方便：或者，全身躲进小圆筒里，在里面安心地睡上一觉，谁也看不见它；或者，伸出前脚，背着小房子，在河底爬上一阵子：这所小房子可轻了。

有一只石蛾的幼虫，找到一支掉在河底的香烟，便钻了进去，就这样带着它四处旅行。

银色水蜘蛛的房子最不同寻常。它先在水底下的水草间铺一张蜘蛛网，然后浮到水面，用毛茸茸的肚皮盛回一些气泡，放到蜘蛛网下。水蜘蛛就住在这种空气流通的水下小房子里。

还有谁会筑巢

我们的记者还找到了鱼巢和野鼠巢。

棘鱼给自己筑了个真正的巢。筑巢的工作由雄棘鱼来完成。它只拣分量重的草茎作建筑材料。即使用嘴把草茎从河底衔到河面上，草茎也不会漂浮。雄棘鱼用草茎铺设墙壁和天花板，先用唾液粘牢，再用苔藓堵住小窟窿。它还在巢的墙上开了两扇门。

小老鼠的巢跟鸟巢一模一样，由草叶和撕得很细的草茎编制而成。它把巢搭在离地大约两米高的圆柏树的树枝上。

用什么材料造房

用各种各样的材料，建成森林里的住房。

歌唱家鸫（dōng）鸟把朽木屑当作水泥，涂抹在圆巢的内壁上。

家燕和金腰燕用自己的唾沫，把烂泥粘成巢。

黑头莺用又轻又黏的蜘蛛网，把细树枝粘牢搭成巢。

鳾（shī）鸟会在笔直的树干上，倒立着跑上跑下。它住在洞口很大的树洞里。为了不让松鼠闯入巢里，它用黏土把洞口封起来，只给自己留个刚刚能挤进去的小洞。

碧绿、棕色和蔚蓝三色相间的翠鸟，造的巢非常有趣。它在河岸上挖了一个很深的洞，在小房间的地上铺了一层细鱼刺。这样，它就得到了一床柔软的床垫。

借住别人的房子

要是有谁不会造房子，或者懒得自己造房子，可以借住在别人的家里。

布谷鸟把蛋下在鹡鸰（jí líng）、知更鸟、黑头莺和其他会做巢的小鸟的家里。

树林里的黑勾嘴鹬，找到了一个旧乌鸦巢，便在那里孕育起后代来了。

船砢（luǒ）鱼非常喜欢无主的虾洞。这种小洞在水底的沙岸上。船砢鱼就在小洞里产卵。

有一只麻雀把家安在了非常巧妙的地方。

它先在屋檐下筑了个巢，可惜被男孩子们捣毁了。

接着，它又在树洞里造了个巢，可是它产的蛋又被伶鼬拖走了。

于是麻雀把家安在了雕的大巢里。雕的巢是用粗树枝搭成的，麻雀把巢安在粗树枝之间，地盘很大。

现在，麻雀可以过安稳日子，谁也不用怕了。大雕根本不会去理会这么小的鸟。至于那些伶鼬、猫和老鹰，甚至于男孩子们，也不会再来破坏麻雀的巢了，因为谁都怕大雕呀！

集体宿舍

森林里也有集体宿舍。

蜜蜂、黄蜂、丸花蜂和蚂蚁造的房子，可以容纳成百上千的住户。

白嘴鸦把果园和小树林作为自己的移民区，在那里筑了许多许多的巢。鸥占用了沼泽地、沙岛和浅滩。灰沙燕在陡峭的河岸上凿了无数小洞，把河岸搞得千疮百孔。

巢里有什么

巢里有蛋。蛋的模样各不相同。

不同的鸟产不同的蛋，这不是没有道理的。

勾嘴鹬的蛋布满大大小小的斑点；歪脖鸟的蛋却是白色的，略微带点粉红色。

原因在于，歪脖鸟的蛋产在幽深阴暗的树洞里，谁也看不见它。勾嘴鹬的蛋却直接下在草墩上，完全裸露在外面。要是它们是白色的，那谁都会看到了，所以它们的颜色跟草墩一致。很可能你看不见它们，会一脚踩上去。

野鸭的巢筑在草墩上，而且也是毫无遮拦的。但它们的蛋却几乎是白色的，因为野鸭会耍计谋。当它们离开巢的时候，会咬下自己肚子上的绒毛，把蛋盖好。这么一来，蛋就不会被发现了。

为什么勾嘴鹬的蛋一头尖尖的，而猛禽兀鹰的蛋是圆的？

这道理也很好懂：勾嘴鹬是一种小鸟，身子是兀鹰的五分之一。勾嘴鹬下的蛋却很大。如果它的蛋不是一头尖尖的，孵蛋的时候很容易放在一起——小头儿对着小头儿，紧靠在一起，不致占用很大的地方，那么它怎么能用它那小小的身体盖住那么大的蛋来孵它们呢？

可是，为什么小勾嘴鹬的蛋几乎跟大兀鹰的蛋一样大呢？

这个问题，只得等小鸟出蛋壳的时候，在下一期的《森林报》上解答了。

森林中的大事

狐狸怎样迫使老獾离开了家

狐狸家里遇到了祸事：洞里的天花板塌了，小狐狸差点被压死。

狐狸一看：事情不妙，得搬家了。

狐狸来到老獾家。獾挖了一个杰出的洞穴。出入口东一个西一个，里面分布着许多小地道，这都是为了防备敌人出其不意的进攻用的。

它的洞很大：可以住下两家人。

狐狸恳求獾分间房子给它住，獾坚决拒绝了。獾是个严厉的主人，爱干净，爱整齐，容不得哪儿有点脏东西。它怎么能让一个带着孩子的人住进来呢！

狐狸被獾赶了出来。

“好哇！”狐狸想，“你这么不讲情面呀！等着瞧吧！”

狐狸假装走到了树林里，其实是躲在灌木丛后，在那里等待机会呢。

獾从洞里探出头来瞧了瞧，看到狐狸走了，这才从洞里爬出来，到树林里找蜗牛吃。

狐狸溜进了獾洞，在地上拉了一泡屎，把屋里弄得肮脏不堪，然后跑了。

獾回家一看：好家伙！臭气熏天！它懊丧得哼了一声，就离开洞，到其他地方给自己再挖个洞。

这正中狐狸的下怀。

它把小狐狸都衔过来，在獾洞里舒舒服服地住下了。

有趣的植物

池塘里已经开始长满了浮萍。有些人把它叫作苔草。但是苔草是苔草，浮萍是浮萍。浮萍一点儿也不像其他植物，它长得很有趣。它有着细小的根，绿色小圆片浮在水面上，附带着一个长圆的凸出物。这些形状很像小烧饼的凸出来的东西，便是浮萍茎部的枝。浮萍不长叶子。有时也会开几朵花，不过这是极其稀罕的事。浮萍用不着开花。它繁殖起来又快又方便。只要从这小烧饼似的茎上脱落下来另一个小烧饼似的枝，一棵植物便变成了两棵植物。

浮萍的日子过得很快活，自由自在，无拘无束。如果有野鸭游过，浮萍可能会依附在野鸭的脚上，跟着野鸭飞到另一个池塘里去。

发自尼·芭芙洛娃

会变魔术的花

在草场上，在林中空地上，绛红色的矢车菊开花了。我一看到它，就想起了伏牛花。因为这两种花都会变小魔术。

矢车菊的花不是结构简单的花，而是由许多小花组成的花序。它上面那些漂亮的、蓬松的犄角似的小花，都是些不结子的空心花。真正的花藏在当中，是许多深绛红色的细管子。一朵雌蕊和好几朵会变魔术的雄蕊，藏在细管子里。

假如你碰一下绛红色的细管子，细管子就会倒向一旁，从小孔里喷出一小团花粉来。

过一会儿，如果你再碰它一下，它又会歪向一旁，又喷出一团花粉来。

魔术就是这么变的。

这些花粉可不是平白无故喷洒的。只要昆虫向它要花粉，它都会给一点。拿走也行，吃掉也行，沾在身上也行，只要多少带点给另一朵矢车菊就成。

发自尼·芭芙洛娃

来无踪、去无影的夜间强盗

森林里出现了来无踪、去无影的夜间强盗，林中居民个个惊恐不安。

每天夜里，总会丢失几只小兔子。小鹿、琴鸡、松鸡、榛鸡、兔子和松鼠，一到夜里就觉得危机四伏。无论是灌木丛中的鸟，树上的松鼠，还是地上的老鼠，都不知道强盗会从哪儿发起攻击。神出鬼没的凶手，一会儿从草丛里，一会儿从灌木丛里，一会儿又从树上冒出来。也许，凶手还不止一个，而是整整一支强盗大军呢。

几天前的一个夜晚，獐鹿全家（一只雄獐鹿、一只雌獐鹿和两只小獐鹿）在林中空地上吃草。雄獐鹿站在距离灌木丛八步远的地方警戒；雌獐鹿带着小獐鹿在空地上吃草。

冷不丁，一个黑影从灌木丛里蹿出来，只一蹦，就上了雄獐鹿的背。雄獐鹿倒了下去。雌獐鹿带着小獐鹿逃进了森林。

第二天早晨，雌獐鹿回到空地上去看，只见雄獐鹿只剩下两只犄角、四个蹄子。

昨天夜里驼鹿受到了攻击。当它穿过茂密的森林时，看见一个奇形怪状的大木瘤，长在一棵树枝上。

驼鹿在森林里算得上是条好汉，它用得着怕谁吗？它的一对犄角硕大无比，连熊都不敢侵犯它呢。

驼鹿走到那棵树下，正想抬起头仔细看看树上的木瘤究竟长什么样，冷不防地，一个可怕的、重达三百公斤的东西，猛地压在它的脖子上。

出其不意地袭击，把驼鹿的魂都给吓掉了。它猛地晃了下脑袋，把强盗从背上甩了下去，然后头也不回地拔腿就跑。因此，它也就没看清楚：夜里究竟是谁袭击了它。

我们这树林里没有狼。况且，狼也不会上树呀。熊现在正懒洋洋地躲在密林里呢。再说，熊也不会从树上扑到驼鹿的脖子上去。那么，这个神秘的强盗究竟是谁呢？

真相暂时还没有大白。

夜莺的蛋莫名其妙地失踪了

我们的记者找到一个夜莺的巢。一个小坑里放着两只蛋。当人走近的时候，雌夜莺飞离了蛋。

我们的记者没有动鸟巢，只是清楚地记下了鸟巢的所在地。

一个小时以后，他们又回到了那个鸟巢，但是巢里的蛋已经消失不见了。

两天以后，人们才搞明白蛋的去处：原来雌夜莺担心人们会来捣毁鸟巢，便把蛋衔到别的地方去了。

勇敢的小鱼

我们已经描述过，雄棘鱼在水底下做的巢的模样。

雄棘鱼造好巢后，便给自己选了位棘鱼夫人带回家。棘鱼夫人从这边的门进去，产下鱼子，立刻就从另一边的门逃走了。

雄棘鱼又找了第二位夫人，接着又找了第三位、第四位，可是这些棘鱼夫人全都逃走了，只留下它们产的鱼子，让雄棘鱼照料。

家里堆满了鱼子，雄棘鱼只得独自留下来看家。

河里的许多家伙都爱吃新鲜鱼子。可怜的小个子雄棘鱼，不得不保护自己的家，不让凶恶的水底怪物前来侵犯。

不久前，馋嘴的鲈鱼闯进了它的家。小个子主人勇猛地扑上去，跟那个怪物搏斗。

它把身上的五根刺（背上三根，肚子上两根）全都竖起来，巧妙地对准鲈鱼的鳃刺去。

原来鲈鱼满身都披着厚实的铠甲——鱼鳞，只有鳃部没有防护。

鲈鱼被小棘鱼的勇敢吓坏了，赶紧溜之大吉。

谁是凶手

今天夜里，树上的松鼠被谋杀了。我们查看了凶杀现场，根据凶手在树干上和树底下留下的脚印，我们弄清楚了这个神秘的强盗是谁。前不久就是它害死了驼鹿，闹得整个树林里惊恐不安。

我们根据脚印判断，凶手就是我们北方森林里的“豹王”，也就是凶残的“林中大猫”——猞猁。

小猞猁已经长大了。现在猞猁妈妈带着它们，在林子里四处转悠，在树上爬来爬去。

夜里，它的视力跟白天一样好。谁要是在睡觉以前没藏好，那可就要倒大霉了！

六只脚的“鼹鼠”

我们的一位森林记者，从加里宁州发来以下报道：

“我把一根锻炼身体用的杆子插入土中。这时从土里蹿出一只不知名的小野兽。它的前掌有脚爪，背上长着两片像翅膀一样的薄膜，通体棕黄色的细毛，很像短而密的兽毛。这只小兽既像黄蜂，又像田鼠，身长五厘米。根据它有六只脚这个特点，我判断它是一种昆虫。”

编辑部的解释

这种独特的昆虫叫蝼蛄（lóu gū）。它长得的确很像小兽，难怪它有一个兽的外号：“赛鼹鼠”。它跟鼹鼠最相像，它们两个都有很宽的前爪，是掘土的高手。不过，蝼蛄的前脚生得像剪刀似的，这是它必备的武器。当它在地下行走的时候，就用这双脚剪断植物的根。而高大强壮的鼹鼠用它那强有力的爪子，就可以抓断这种根，要不然也可以用锋利的牙齿咬断它。

蝼蛄的两腭上，长着如同牙齿一般的、锯齿状的薄片。

蝼蛄在地下度过大部分时间。它像鼹鼠那样，在地下掘通道，在里面产卵，然后在上面堆个小土堆，恰似鼹鼠的窝一样。另外，蝼蛄还生着两只柔软的大翅膀。它擅长飞行，在这方面鼹鼠可比不过它。

蝼蛄在加里宁州并不多见，在列宁格勒州更少。可是在南方各州，蝼蛄很多。

谁要是想找到这种与众不同的昆虫，就到潮湿的泥土里去找吧！最好在水边、果园里和菜地里找。可以用以下方法抓到它：选定一处，每天晚上往上面浇水，然后用木屑把它盖起来。半夜里，蝼蛄会自动钻到木屑下的烂泥里来。

刺猬救了她

玛莎一大清早就醒来了，连忙穿上衣服，赤着一双脚，往树林里跑。

树林里的小山冈上长着许多草莓。玛莎飞快地采了一小篮，转身朝家跑。草墩被露水沾湿了，冰凉的。一路上，她蹦蹦跳跳。突然她脚底下一滑，痛得大叫起来。原来她的一只光脚从草墩上滑下去，被某个尖东西刺出血了。

只见一只刺猬蹲在草墩下，它立刻把身子缩作一团，叫了起来。

玛莎哭了。她坐到旁边的草墩上，用衣服擦掉脚上的血。刺猬默不作声。

突然，一条背上刻有锯齿形黑条纹的大灰蛇，径直朝玛莎爬过来。这是一条剧毒的蝰蛇！玛莎吓得胳膊腿儿直发软，蝰蛇越爬越近，咝咝地吐着它那叉子似的舌头。

这时，刺猬突然挺直身子，飞快地朝蝰蛇跑去。蝰蛇抬起前半身，像根鞭子似的抽打过来。刺猬赶紧敏捷地竖起身上的刺迎过去。蝰蛇咝咝地狂叫起来，想掉转身逃跑。刺猬猛扑到它身上，从背后咬住它的头，用爪子扑击它的背。

玛莎这才如梦初醒，一跃而起，跑回家去了。

蜥　蜴

我在树林里的树桩旁，抓到一只蜥蜴，把它带回了家。我把它养在一只大玻璃缸里，里面铺上了沙土和石子。每天我给它换水、换草，放入苍蝇、甲虫、蛆虫和蜗牛。蜥蜴贪婪地咀嚼着，大口地吞食着。它特别爱吃在甘蓝丛里生长的白蛾子。它飞快地把头转向白蛾子，张开嘴，吐出叉子似的小舌头，然后跳起来，扑向那美味的食物，就像狗扑向肉骨头似的。

一天早晨，我在小石子之间的沙土里，看到十来只白色的椭圆形小蛋，蛋壳又软又薄。蜥蜴挑了个能晒到太阳的地方孵蛋。一个多月后，小白蛋破壳了，十来个机灵的小不点儿蜥蜴钻了出来，长得跟妈妈一模一样。

现在，这一家子全爬到小石头上，正懒洋洋地晒着太阳呢。

发自森林记者 谢斯嘉科夫

燕子巢

6月25日

每天，我亲眼看着一对燕子辛勤地衔泥做巢。巢一点一点地变大。每天一大清早，它们就开始干活。中午休息两三个小时，然后又修修补补、涂涂抹抹，一直忙到离日落只有两小时光景才收工。的确，不能一直不停地往上面粘泥，必须让稀泥干一干。

有时候，其他小燕子也飞来做客。要是猫不在房顶上的话，小客人们就在梁木上坐一会儿，叽叽喳喳，和和美美地聊会儿天。新居的主人不下逐客令。

现在，巢已经做得很像下弦月了，就是月亮由圆变缺、尖角朝右时的样子。

我完全清楚，为什么燕子巢做成了现在这副模样，为什么不是左右两边均衡地增长。因为巢是雄燕子和雌燕子一起造的，可是它俩出的力不一样。雌燕子衔泥飞回来的时候，它的头总是歪向左边。它干活很卖力，一个劲儿往左边粘泥，而且比雄燕子更频繁地飞去衔泥。雄燕子常常一飞走，就几个钟头不见踪影，准是在云霄里和别的燕子追着玩呢。它落到巢上的时候，头老是偏向右边。它干的活当然是赶不上雌燕子的了，因此它那右半边巢，就比左半边短一截。所以，燕子巢两边并非均衡地增长。

雄燕子多么懒啊！它那么懒，怎么不知道害臊呢。按理说，它比雌燕子更强壮呢！

6月28日

燕子不再衔泥了，它们开始往巢里衔干草和绒毛，它们在铺床呢。我没料到，燕子把全部建筑工程设计得这么周到细致，原本就应该让巢的一边比另一边高些！雌燕子把巢的左边堆到了顶，雄燕子的右半边巢却始终没有完工。这么一来，就形成了一只右上角留了一个缺口的泥圆球。不用说，燕子巢本来就应该是这个样子的：这就是它们家的大门啊！否则的话，燕子怎么飞进家呢？看样子，我当初责怪雄燕子懒，是冤枉人家了。

今天雌燕子第一次留在家里过夜。

6月30日

燕子巢完工了。雌燕子已经不出家门了，大概它已产下了第一只蛋。雄燕子不断地给雌燕子衔来一些小虫，嘴里不住地哼着歌，兴高采烈地说着贺词。

那一批燕子又飞来了。它们在巢附近扑着翅膀，一只接一只地从巢旁飞过，边飞边向巢里张望。这时，女主人的小脸蛋，正探在门外，也许客人们正在亲吻这位幸福的女主人呢！燕子们叽叽喳喳地喧闹了一阵，就飞走了。

猫儿经常爬上屋顶，往屋檐下张望。它是不是也在迫不及待地等待巢里的雏燕出世呢？

7月13日

雌燕子两个星期来几乎一直待在巢里。只是在中午，在一天中最暖和的时候，它才飞出来一会儿，那时娇嫩的蛋不容易着凉。它在屋顶上来回盘旋，捉几只苍蝇吃，然后飞到池塘边，低低地贴着水面飞，用嘴沾着水喝，喝饱了，又飞回巢里。

可是今天，燕子夫妻俩开始一起频繁地从巢里飞进飞出。有一次，我看见雄燕子嘴里衔着一块白色的甲壳，雌燕子嘴里衔着一只小虫儿。不用说，巢里小燕子已经出世了。

7月20日

不好啦！不好啦！猫儿爬上了屋顶，几乎把整个身子从屋檐上倒挂下来，想用爪子掏鸟巢。巢里的小燕子可怜巴巴地啾啾叫着。

在这紧急关头，不知从哪儿飞来一大群燕子。它们大声叫着，盘旋着，鸟嘴几乎要啄到猫的脸了。哎呀，猫爪险些勾到了一只燕子。不好！猫儿又向另外一只燕子扑过去了……

太好了！这个灰强盗算计失误，扑通一声，从屋檐上摔下去了……

猫虽然没摔死，可也摔得遍体鳞伤了。它“喵呜”叫了声苦，用三只脚一瘸一拐地走了。

这真叫自作自受。从今往后，它再也不敢来恐吓小燕子了！

发自森林记者 维利卡

小燕雀和它的妈妈

我家的院子里，一片葱绿。

我在院子里走着，突然，一只小燕雀从我脚底下飞了出来，它的脑袋上长着犄角似的绒毛。它飞了起来，接着又落下了。

我捉住它，把它带回了家。父亲让我把它放到打开的窗户前。

还不到一个小时，小燕雀的爸爸妈妈就飞来喂它了。

它就这样在我家里待了一天。晚上，我关上窗子，把小燕雀放进笼子。

早晨五点钟左右，我睡醒了，看见小燕雀的妈妈蹲在窗台上，嘴里衔着一只苍蝇。我跳起来，打开窗户，自己则躲到屋角偷偷观看。

不久，小燕雀的妈妈又飞来了。它落在窗台上，小燕雀唧唧啾啾地尖叫起来，这是在要东西吃呢！这时，燕雀妈妈才下定决心飞进屋子里来，跳到笼子跟前，隔着笼子喂小燕雀。

后来，它又飞去找新的食物。我把小燕雀从笼子里拿出来，送到院子里。

等我想到再去看看小燕雀的时候，它已经不在那里了：

燕雀妈妈把孩子带走了。

发自贝科夫

金线虫

在江河里，在湖泊和池塘里，甚至在普通的深水沟里，生活着一种神秘的生物——金线虫。老人们说，金线虫是马复活的毛发。在人游泳的时候，它似乎会钻到人的皮肤里去，在皮下游走，让人感到奇痒无比……

金线虫真像是谁的粗糙的棕红色毛发，更像是用钳子钳断的一截金属线。它无比坚硬，如果把它放在石头上，用另外一块石头敲打它，它一点儿都不在乎，还是不停地一会儿伸长，一会儿缩短，一会儿盘成奇妙的一小团。

实际上，金线虫是一种没有脑袋的软体虫，对人类没有危害。雌金线虫的肚子里装满卵。它们的卵在水里长成有角质的长吻和有钩刺的小幼虫，然后它们依附在水栖昆虫的幼虫身上，钻进幼虫的身体里，被幼虫的外皮遮盖起来。以后，假如它们的“主人”没有被水蜘蛛或者昆虫吞到肚子里去，那么它们的一生就完结了。如果能进入新“主人”的身体里，它们就在那里变成没有脑袋的软体虫，钻入水里，吓唬那些有迷信思想的人。

枪击蚊子

达尔文国家自然保护区建在半岛上。周围是雷宾海。这是一个全新的、独特的大海，不久前这里还是一片森林。海很浅，某些地方还凸立着树梢。海里流淌着温暖的淡水。无数只蚊子在海水里繁殖起来。

一大群小嗜血鬼聚集在科学家的实验室里、食堂里和卧室里，搅得他们吃不好、睡不好、工作也干不好。

晚上，突然从每个房间里传来枪声。

出什么事了？……没什么大事：只是开枪打蚊子。

当然，枪筒里装的既不是子弹，也不是铅弹。弹筒里先装入少量普通的打猎用的火药，用填药塞压实。然后撒入由昆虫制成的杀虫粉，从上面使劲压牢，以免药粉撒出来。

射击时，杀虫粉的细粉尘飘洒在房间四处，钻入每条缝隙，杀死了所有的蚊子。

一位少年自然科学家的梦

一位少年自然科学家在用心准备将在班里作的报告。报告的题目是：《跟森林和田园里的害虫做斗争》。

他读到以下两段："为了用机械和化学方法跟甲虫做斗争，共花费了超过13700万卢布。用手捉了1301万只甲虫。如果把这些甲虫装在火车里，可以装满813节车厢。""为了和昆虫作战，每天每一公顷的土地上要耗费20到25个人的劳动力……"

少年自然科学家看得头晕目眩。像蛇一样长的一串串数字，拖着由许多零组成的大尾巴，在他眼前晃来晃去。只好去睡觉。

他做了一夜噩梦。连绵不绝的一队队甲虫、幼虫和青虫，从黑幽幽的森林里爬出来，飞也似的穿过田地，把他团团围住，想闷死他。他用手捻死一些虫子，又拖了水龙带用杀虫药水浇它们，可是虫的数量并不见减少，它们还是络绎不绝地拥过来。它们经过哪里，哪里就成为一片荒漠……少年自然科学家吓得醒了过来。

到了早晨，发现事情并没那么可怕。少年自然科学家在报告里建议，在飞禽节前，大家应该制作好很多很多的椋鸟屋、山雀巢和树洞形鸟巢。鸣琴捉甲虫和青虫的本领，可比人大多了，而且它们还是免费干活的呢！

请试试看

据说如果在四周拉有铁丝网的露天养禽场上面，或者在不带顶盖的笼子上面，交叉着拉几根绳子，那么猫头鹰在扑向睡在铁丝网或者笼子里的飞禽之前，一定会先落在绳子上歇歇脚。在猫头鹰看来，这绳子很坚固。可是只要它一落到绳子上，就会摔个倒栽葱，因为绳子太细了，而且绷得不紧。

猛禽摔个倒栽葱以后，会头朝下一直挂到第二天早晨：在这种姿势下，它是不敢扑翅膀的，它害怕掉到地上摔死。等到天亮了，你就可以去把这个小偷从绳子上取下来。

请试试看这是不是真的。可以用粗铁丝代替绳子。

钓鱼测试仪

据说还有这么件事儿：如果你想从哪个湖或哪条河里钓鱼，可以先从那个湖或那条河里钓上几条小鲈鱼，把它们养在鱼缸或盛果子酱的大玻璃罐里。这样，你随时都可以知道，在这一天，你是否值得到那个湖或那条河边去钓鱼。只要在出发前，喂点东西给鱼缸里的小鲈鱼吃，假如它们争先恐后地游过来抢食吃，就说明这天是个钓鱼的好日子：湖里或河里的鲈鱼和其他鱼也将很容易上钩。假如鱼缸里的鱼不吃食，就说明这天湖里或河里的鱼也没胃口，说明气压有了变化，天气马上要变了，也许会下雷雨。

鱼对空气和水里的一切变化都非常敏感。根据它们的行为，可以预测数小时后的天气。只不过每个爱钓鱼的人，都应该试试看，这种活的晴雨表，在室内和在露天条件下，是否同样管用。

天上的大象

空中飘来一片黑沉沉的乌云，像一头大象似的。它不时把长鼻子甩向地面。大象鼻子一碰到地，地上立刻扬起一片灰尘。尘土像根柱子似的旋转着，旋转着，越变越大，终于和天上的大象鼻子连在一起，变成了一根不断旋转的、顶天立地的大柱子。大象把大柱子抱在怀里，又往前奔去了。

……天上的大象跑到一座小城的上空，挂在那里不动了。忽然，从它身上喷出大雨点。大雨如注，是真正的倾盆大雨！屋顶和人们撑在头上的伞，响起了乒乒乓乓的声音。你猜猜，是什么敲得它们乒乓作响？是蝌蚪、蛤蟆和小鱼！它们在大街上的小水塘里活蹦乱跳。

后来人们才弄明白，这块大象般的乌云，借助于龙卷风的帮忙，在一座森林中的小湖里喝饱水，带着水里的蝌蚪、蛤蟆和小鱼一起，在天上飞驰了许多公里，然后把战利品统统丢弃在小城里，又继续向前飞奔。

绿色的朋友

从前，我们的森林似乎大得无边无际。

可是，从前森林的主人（地主）玩忽职守，不知道保护森林、爱惜森林。他们毫无节制地砍伐树木、滥用土地。

凡是森林被砍光的地方，就出现了沙漠和峡谷。

农田的周围没有了森林，旱风从遥远的沙漠向农田袭来。滚烫的沙子把农田掩埋起来，庄稼都被烧死了。没有东西可以保护这些庄稼。

江河、池塘和湖泊的岸边没有了森林，积水就开始干涸，峡谷开始向农田挺进。

但是，现在人民赶走了那些懒散的主人（地主），开始亲自管理自己的巨大财富。人们向旱风、旱灾和峡谷宣战了。

于是，绿色的朋友——森林，成了人民的好助手。

哪里有裸露的江河、池塘和湖泊需要保护，希望不受烈日的炙烤，我们就把森林派往那里。雄伟的森林挺起勇士般的身躯，用枝叶茂盛的大脑袋，遮蔽住江河、池塘和湖泊，不让太阳晒到它们。

哪儿的农田需要保护，希望不受旱风的侵袭，我们就在那儿造林。恶毒的旱风，总是从遥远的沙漠里携来热沙，掩埋耕地。森林勇士挺起胸膛，抵挡住恶毒的旱风，像一道铜墙铁壁似的保护农田……

哪儿耕松的土地塌陷，峡谷迅速扩大、贪婪地侵蚀着我们农田的边缘，我们就在哪儿造林。我们的绿色朋友森林，用强有力的根紧紧抓住土地，把土地稳牢，挡住四处乱窜的峡谷，不许它啃食我们的耕地。

征服旱灾的战事正酣。

重造森林

季赫维斯基地区的好几处森林，从前被砍得一干二净，现在正在重新造林。在250公顷的土地上，栽种了松树、枞树和西伯利亚阔叶松。在230公顷树木被砍光的土地上，重新翻松了土地，以便让残留树木结的种子，落在地上容易发芽。

在10公顷的土地上，栽种了西伯利亚阔叶松。从树苗里长出了茁壮的芽。繁殖阔叶松，可以使列宁格勒州森林里贵重的建筑木材的产量大大增加。还开辟了一个苗木场，培育了许多可以用作建筑木材的针叶树和阔叶树。还计划培育许多果树和可以提供橡胶的灌木——疣枝卫矛。

发自列宁格勒塔斯社

森林里的战争（续二）

小白桦的命运，跟野草和小白杨的差不多：它们都被枞树摧残死了。

现在，侵占者枞树在那块采伐迹地上再没有敌人了。我们的记者卷起帐篷，搬到了另外一块采伐迹地。不是去年，而是前年，林业工人在那里砍伐过树木。

在那里，他们亲眼看见了侵占者枞树在战争开始后第二年的状况。

枞树种族非常强大。不过，它们也有两个不足。

第一个不足是：它们扎在土里的根，虽然伸得远，却扎不深。秋天，在宽敞辽阔的采伐迹地上，狂风怒吼。许多小枞树被风从土里连根拔起，匍匐倒地。

第二个不足是：小枞树还不够健壮，很怕冷。

小枞树上的芽，全冻死了；瘦弱的树枝也被寒风吹断了。到了第二年春天，在那块被枞树征服的土地上，没有剩下一棵小枞树。

枞树不是每年结种子。所以虽然它们一开始很快取得了胜利，但是胜利并不稳固。在很长一段时间内，它们被赶出了战斗的行列。

那些勇猛的野草，第二年春天刚从土里钻出来，就重新投入了战斗。

这一回，它们必须跟小白杨、小白桦争斗。

可是，小白杨、小白桦都长高了，轻而易举地就把那些富有弹性的纤细野草，从身上抖落下去。野草紧紧地包裹住它们，反而对它们有好处。陈年枯草，像一条厚实的毛毯遮蔽大地，腐烂后散发出热量；新生的青草，掩盖住刚出世的娇嫩的小树苗，保护它们不受危险的早霜的侵袭。

小白杨和小白桦长得很快，低矮的青草很难追上它们。青草落后了，它刚一落到后面，马上就见不到太阳了。

当小树长到比青草高的时候，马上伸展开树枝，覆盖住小草。白杨和白桦没有枞树那般浓密黝黯的针叶。不过，这没什么影响，因为它们的树叶很宽，树荫浓郁。

如果小树长得稀疏的话，野草还能坚持得住。但是，在整个采伐迹地上，小白杨和小白桦都是一群群密集生长的。它们默契地进行着战斗，把手臂似的树枝连起来，相互靠得很近。这简直就是一顶密不透风的树荫帐篷。小草在树荫底下见不到阳光，就枯死了。

不久以后，我们的记者看到，第二年的战争以白杨和白桦的完胜而告终。

于是我们的记者又搬到第三块采伐迹地上，去进行观察。

我们将在下一期《森林报》上报道他们在那里的所见所闻。

祝你一钓一个准

钓鱼和天气

夏天，大风和雷雨把鱼儿赶到避风的地方去，如深坑、草丛和芦苇丛。假如一连几天天气不好，那么所有的鱼都会游到最僻静的地方去，变得无精打采，什么也不想吃。

天热的时候，鱼往凉快的地方游，专找那些泉水叮咚、河水冰凉的地方。烈日炎炎的时候，只有早晨凉爽和傍晚暑气稍退的时候，鱼才会上钩。

夏天干旱的时候，河水和湖水的水位降低，鱼儿只得游到深坑里去。但是，深坑里的鱼食不够吃。所以，只要钓鱼人找对地方，就能钓到很多鱼，特别是当你用饵食钓鱼的时候。麻油饼是最理想的饵食。先把它放在平底锅里煎一下，用咖啡磨或研钵捣烂，然后与煮烂的麦粒、米粒或豆子混在一起，或者撒在荞麦粥、燕麦粥里。这样，饵食就会散发出喷香的麻油味。鲫鱼、鲤鱼和其他许多鱼，都非常喜爱这种味道。必须天天撒饵食喂它们，使它们习惯这个地方，然后像鲈鱼、梭鱼、刺鱼和海马这些食肉鱼也会跟着游过来。

短暂的小雨或雷雨，会使河水变凉，大大增进鱼的食欲。雾散开以后，天气晴朗的时候，鱼也容易上钩。

每个人都能根据晴雨表、鱼上钩的情况、云彩、日出后驱散的夜雾以及露水，学会预测天气变化。鲜艳的紫红色霞光，说明空气中积满了水蒸气，可能会下雨。反之，淡金红色的霞光说明空气干燥，也就是说，最近几个小时内不会下雨。

乘船钓鱼

除了用带浮标和不带浮标的普通钓鱼竿以及绞竿钓鱼外，还可以乘着小船，边划船边钓鱼。只需预备一根结实的长绳子（约50米长，在手拉处接一段钢绳或牛筋），再预备一条假鱼。把假鱼拴到绳子上，拖在离小船25～50米远处。小船上坐两人：一人划船，一人拉绳子。把假鱼拖在水底或水中走。像鲈鱼、梭鱼和刺鱼这类猛鱼，看见假鱼在头顶游过，以为是真鱼，猛扑过去一口吞下，于是就牵动了绳子。捕鱼人感到有鱼上了钩，便慢慢地把绳子往身边拉。用这种方法捕到的鱼，往往是大鱼。

在湖边，用假鱼和长绳子钓鱼的最佳之处，是在灌木丛生的陡峭河岸下的深坑里，在芦苇和草丛附近的水域里。在河里划船，得沿着陡岸或者水深而平静的水面划；得躲开石滩和浅滩，在离它们稍上或稍下一些的位置划。划着小船钓鱼的时候，必须轻手轻脚，尤其是在无风的日子，即使桨轻轻地触碰一下水面，鱼隔得老远都能听见。

捕　虾

名称中不带字母“P”[①]的那几个月，是捕虾的好时光。

捕虾人应该了解虾的如下生活习性：

小虾由虾子孵化而来。虾子出生之前，藏在雌虾的腹足里（河虾有十只脚，最前面一对是钳子）和尾巴下半部分（出于礼貌，通常把它称为虾颈部）。每只雌虾能怀有几百粒虾子，雌虾怀着虾子过冬。初夏，虾子裂开来，孵化出如蚂蚁一般大的小虾。古时候，一般认为只有最聪明

① 俄语中5月、6月、7月、8月这几个月的称呼中不带字母“P”。——译者注

的人，才知道虾在什么地方过冬。

可是现在，人人都知道虾在河岸和湖岸上的小洞穴里过冬。

虾在出生后的第一年，要换八次甲壳（这是它的外骨骼）；成年后，一年换一次。脱掉旧甲壳后，赤裸的虾懒洋洋地躲在洞里，等到新甲壳长硬了才肯出来。许多鱼都爱吃脱了甲壳的虾。

虾是夜游动物，白天它躲在洞里。不过，只要它一感到有猎物出现，那么即使在太阳底下，它也会从洞里蹿出来捕捉。这时，可以看见一串串气泡从水底冒上来：这是虾在呼气。小鱼、小虫这类水下小生物都是虾的食物。不过，它最喜欢吃腐肉。在水下，隔老远，它就能闻到腐肉的气味。

捕虾人用一小块臭肉、死鱼或死蛤蟆当饵食。晚上，虾从洞里游出来，头朝前、在水底来回觅食。这时，捕捉它正是时候（虾只有在逃跑的时候，才头往后倒着游）。

把饵食系在虾网上，把虾网绷在两个直径30～40厘米的木箍或铁丝箍上。得绷紧了，千万别让虾一进网就可以把网内的腐肉拖走。用细绳把虾网系在长竿的一端。人站在岸上，把虾网浸入水中。在虾多的地方，虾很快就会聚集到网中，缠在里面出不去了。

还有一些更加复杂的捕虾办法。不过最简便且收益最大的办法是：在水浅的地方赤脚走进河里，找到虾洞，用手抓牢虾背，把虾从洞里拖出来。当然，有时手指头会被虾钳住，不过，这丝毫不可怕。况且，我们并不是向胆小鬼们建议用手捉虾的办法的呀！

如果你随身带着一口小锅、盐和茴香，你立马就可以在岸边煮开一锅水，撒入盐和茴香，把虾煮着吃。

在温暖的夏夜，望着满天繁星，在小河边或湖边的篝火旁煮虾吃，别提有多美了！

集体农庄纪事

黑麦长得比人高了，已经开了花。一只山鹑（chún）在那里面散步，仿佛在树林里漫步一般。雄山鹑还带着雌山鹑，后面跟着它们的小宝宝，如同小黄球，不停地滚：原来小山鹑已经孵出来了，而且跑出了巢。

集体农庄庄员们在忙着割草。有的地方用镰刀割，有的地方用割草机割。割草机在草场上驶过，挥舞着光溜溜的翅膀。高高的芳香多汁的牧草，在它后面一排排整齐笔直地倒下来。

菜地里的畦垄上，碧绿的葱长高了。孩子们在拔葱。

女孩们和男孩们一起去采浆果。本月初，在向阳的小山坡上，香甜的草莓成熟了。现在正是草莓长得最旺盛的时候。树林里的黑莓果也快熟了；覆盆子也快熟了。在林中长满苔藓的沼泽地里，结满籽儿的桑悬钩子，从白色变成了红色，又从红色变成了金黄色。你爱吃哪种浆果，就采哪种浆果吧！

孩子们还想多采点，可是家里还有一大堆活要干呢：得提水浇菜园子，得清除菜畦里的草。

集体农庄新闻

投诉信

青草寄来了投诉信。它们抱怨说，集体农庄的庄员们欺侮它们。青草刚准备开花。有的已经开花了，从小穗里探出白色的羽状柱头，沉甸甸的花粉垂在细丝上。

突然，闯进来一批割草人，他们把青草全部齐根割了下来。现在它们可开不成花啦！只好重新生长了！

森林记者们认真分析了这件事。原来，集体农庄庄员们把割下的青草晒干了，这样就得到了干草。必须给牲口贮备好够吃一冬的口粮，所以集体农庄庄员们把青草齐根割下来晒干。他们做得完全正确。

农田里喷洒了神奇的水

这种神奇的水一喷到杂草身上，杂草就死了。对于它们来说，这是致命的水。

可是当神奇的水喷洒到谷物身上的时候，谷物却依旧精神抖擞地站在那儿，兴高采烈的。对于它们来说，这是救命的水，对它们不仅没有坏处，还能改善它们的生活：消灭它们的敌人——杂草。

太阳的受害者

在共青团员集体农庄里，两只小猪在散步的时候，被太阳光灼伤了背。灼伤的地方起了水泡。人们马上请来兽医给小猪看病。在炎热的时候，严禁小猪外出散步，即使跟猪妈妈一起去也不行。

避暑的客人不见了

两位不久前来河岸集体农庄避暑的女客人神秘失踪了。大家找了她们好长时间，才在离河岸集体农庄三公里远的干草垛上找到她们。

原来她俩迷路了。事情的经过是这样的：早上，她们去游泳，记得路旁有块淡蓝色的亚麻田。午后，她们要回家时，却怎么也找不到那块淡蓝色的田了。于是就走错了路。

这两位避暑的女客人不知道亚麻一大清早开花，中午花就谢了，这时亚麻田也就从淡蓝色变成了绿色。

母鸡疗养地

今天一大早，集体农庄里的母鸡就出发到疗养地去了，它们的这一次旅行，可真舒适：乘汽车，还坐在各自的包厢里呢。

母鸡的疗养地就在收割过的麦田里。麦子收完了，只剩下麦秸穗和落在地上的麦粒。为了不让这些麦粒白白浪费掉，所以把母鸡送到这里来疗养。这里完全变成了一个母鸡村，只不过是临时的。等母鸡把地上最后一颗麦粒捡干净，就再次乘上汽车，到新的地方去捡新的麦粒。

绵羊妈妈的担忧

绵羊妈妈们焦虑不安，因为小羊要被人从身边带走了。但是，总不能让三四个月大的、已经成年的小羊，还跟在妈妈屁股后面转悠吧。应该让它们学会独立生活。以后，小羊们就单独吃草了。

准备上路

树莓、醋栗和茶藨（biāo）果这些浆果都熟了。它们必须从集体农庄和国营农场出发去城里了。

醋栗不怕走远路。它说：“带我去吧！我撑得住。越早走越好。趁我现在还没熟透，还是硬邦邦的。”

茶藨果也说：“装的时候仔细点，我能走到目的地。”

可是树莓预先就泄了气，它说：“最好还是别碰我，让我待在原地吧！我最怕旅行了。颠簸是生活中最可怕的事。颠呀颠的，就把我颠成一团浆了！”

乱哄哄的餐厅

在五一集体农庄的池塘里，竖着几根木棍。上面挂着块招牌，写着“鱼餐厅”。在每一个水下餐厅里，都摆着一张镶边的大桌子，没有椅子。

每天早晨，木牌周围的水域，一片沸腾：鱼儿们在焦急地等着吃早饭。鱼的纪律性很差，它们你碰我，我撞你，乱作一团。

7点钟的时候，工厂食堂的人乘着小船给水下餐厅送饭来了。有煮马铃薯、用杂草种子做的团子、晒干的小金虫和其他美味佳肴。

这时，餐厅里的鱼可多了：每个餐厅里至少有四百条鱼在吃早饭。

一个少年自然科学家讲的故事

我们的集体农庄位于一片小橡树林旁。以前不太有布谷鸟飞进这片树林，顶多叫个一两声“咕——咕”，就跟我们道再见了。可是今年夏天，我却经常听见布谷鸟在叫。恰好在这时候，集体农庄的牛群被赶到那片树林里去吃草。中午，一个牧童跑过来大叫道："牛群发疯了！"

大家赶紧往树林里跑。不得了！那里已经闹翻了天！好可怕！牛儿们乱跑乱叫，用尾巴抽打自己的背，闭着眼睛往树上乱撞，真担心它们会把头撞碎，要不然，也会把我们都踩死！

大家连忙把牛群赶到别处去。这到底是怎么一回事呢？

原来是毛毛虫闯的祸。一条条毛茸茸的咖啡色大毛虫，真像小野兽。它们占满了所有的橡树。有的树枝已经被啃得光秃秃的，树叶也被它们吃光了。毛毛虫身上的毛脱落下来，随风四处飘散，吹进了牛的眼睛，刺得牛好痛。简直太可怕了！

这里的布谷鸟可真多啊！我这辈子从未见过这么多的布谷鸟！除了布谷鸟之外，还有美丽的金色的带黑条纹的黄鹂和樱桃红色的翅膀上长着淡蓝色条纹的松鸦，都从周围飞到我们这橡树林里来了。

请猜猜看，结果怎样？橡树竟然都挺过来了。一星期不到，所有的毛毛虫都被鸟儿吃掉了。鸟儿真了不起，是不是？不然的话，我们这片小树林可就遭殃啦！简直太可怕了！

发自尤拉

打　猎

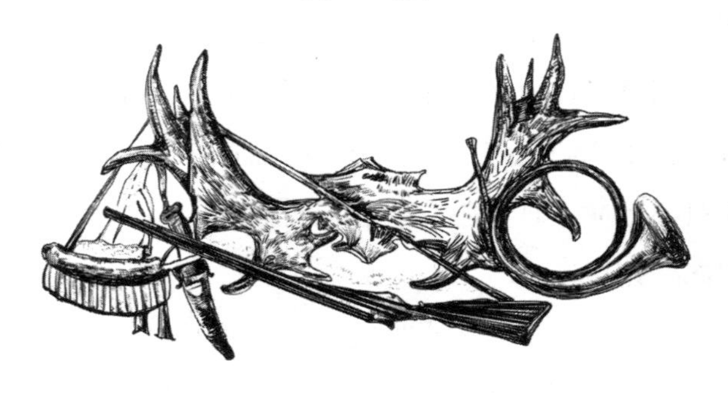

不是打鸟，也不是打兽

夏天打猎，既不是打鸟，也不是打兽。与其说是打猎，还不如说是打仗。夏天，人类有很多敌人。比如，你开辟了一个菜园种上蔬菜，经常浇水。可是，你能保护蔬菜不受敌人的侵犯吗?

用木棍竖个稻草人立在那里，这起不了什么作用。稻草人可以帮助你对付麻雀和其他小鸟，不过，也不太管用。

菜园子里有这样一批敌人，不要说是稻草人，就是带枪的人都吓唬不了它们。用木棒敲不死它们，用枪射不中它们。

只能用计谋来对付它们。必须擦亮眼睛，时刻提防着。别看它们个头小，干坏事的本领却比别的敌人更强。

跳来跳去的敌人

一种背上长着两条白斜纹的小黑甲虫出现在蔬菜上。它们像跳蚤似的在菜叶子上跳来跳去。不得了啦，菜园子处于危险中。

菜园里的跳甲是非常可怕的敌人。才两三天的时间，它们就能咬毁好几公顷的菜园子。它们把还没长好的嫩菜叶子咬得千疮百孔，把叶子啃成了大花边，于是这片菜园子就算完蛋了！萝卜、芜菁、冬油菜和甘蓝特别怕这种跳甲。

消灭跳甲

必须这样跟跳甲作战。先预备好系有小旗子的长矛，小旗子两面涂上厚厚的一层胶水，只留下下面的一条边（大约7厘米宽）不涂胶水。

把这种武器扛到菜园里去，在菜畦间来回走动，在蔬菜上面挥动小旗子，只让没涂胶水的边碰到蔬菜。

跳甲往上一跳，便被胶水粘住了。不过，还不能认为自己是胜利者。大批新的敌人，还会向菜园进攻。

第二天一大早，趁草上的露水还没干，就必须起床。把炉灰、烟末或者熟石灰，通过一面细筛子，撒在菜叶上。在集体农庄大面积的农田里，这活儿不是手工做的，而是从飞机上往下撒。

这些东西对于蔬菜无害，却能驱除菜园里的跳甲。

会飞的敌人

蛾蝶比跳甲更可怕。它们悄悄地在菜叶上产卵。卵变成了青虫，啃食菜叶和菜茎。

白天出现的最具危险性的蛾蝶有：大菜粉蝶（个头很大，白翅膀上长着黑斑点）和萝卜粉蝶（颜色跟大菜粉蝶差不多，只是个头小一些）。夜里出现的有：甘蓝螟（个小，翅膀下垂，身子前半部像赭石一样黄）、甘蓝夜蛾（全身毛茸茸的棕灰色蛾子）和菜蛾（一种浅灰色的小蛾子，长得很像织网夜蛾）。

只需用手跟它们作战：把它们的卵收集到一起，直接用手把卵按碎。还有一种方法，就是像驱赶跳甲那样，把炉灰、烟末或者熟石灰撒在菜上。

还有一种更可怕的敌人，它们直接进攻人类。

这种敌人，就是蚊子。

在静止不动的死水里，有许多毛茸茸的小软体虫游来游去；还有许多肉眼几乎看不见的小蛹儿，头上长着小角，与身子相比脑袋显得特别大。

这是蚊子的幼虫和蚊子的蛹。在沼泽地里，还有蚊子的卵，有的粘在一起，像小船似的浮在水中，有的依附在沼泽地里的草丛上。

两种蚊子

有两种不同的蚊子。有一种蚊子，人被咬了之后，只觉得有点痛，起个红疙瘩。这是普通的蚊子，没有危险性。还有一种蚊子，人被它咬了，就会得“沼泽热”。科学家把这种病叫作疟疾。得了这种病的人，一会儿热得要命，一会儿又冷得要死，浑身直打战。好个一两天，过后又会发作起来。

这种蚊子就是疟蚊。图中右边画的那只蚊子，就是疟蚊。

从外形看，这两种蚊子长得很像，只不过雌疟蚊的吸吻旁长着一对触须。雌疟蚊的吸吻上带有病菌。疟蚊叮人的时候，病菌随之进入人体的血液，破坏血球。

所以人就病了。

科学家用倍数很大的显微镜，仔细研究了疟蚊的血液，方才明白了个中缘由。用肉眼什么也看不出来。

扑杀蚊子

单单用手，不可能打死所有的蚊子。

当蚊子还是水下幼虫的时候，科学家就开始跟它们做斗争了。

拿一只玻璃瓶，从沼泽里舀一瓶带有蚊子幼虫的水，滴一滴煤油到这瓶水里，看看会发生什么变化。煤油会在水里漫开来。幼虫像蛇似的扭动身子。大脑袋的蛹一会儿沉到水底，一会儿又急速上蹿。

幼虫用尾巴，蛹用小角，都想冲破那一层煤油薄膜。

煤油把水面封死了，没留下一点儿空隙给幼虫呼吸。因此所有的幼虫和蛹都被闷死了。人们就是用这种方法和许多其他办法跟蚊子做斗争。

在沼泽地带，蚊子把人搅得坐卧不安，所以人们往死水里倒煤油。

只要一个月往死水坑里倒一次煤油，就足以使那个水坑里的蚊子断子绝孙了。

少有的事

我们这里发生了一件少有的事。

牧童从牧场上跑回来，大声叫道：

“小牛被野兽咬死啦！”

集体农庄庄员们大吃一惊，挤奶女工们甚至哭了起来。

我们这里最好的一头小牛被咬死了，它还在展览会上得过奖呢。

大家扔下手头的活，纷纷往林边牧场跑，想去看个究竟。

只见那头小牛躺在树林边的一个僻静角落里，已经死了。

它的乳房被咬掉了，脖子靠近后颈的地方也被撕破了，其他地方没见到伤痕。

“是熊干的，”猎人谢尔盖说，“熊总喜欢这样：咬死就扔在那儿，等肉发臭了，再来吃。”

“的确如此，”猎人安德烈说，“这没什么可争辩的。”

“大家先散了吧！”谢尔盖说，“我们在这树上搭一个棚。也许，熊今夜不来，明天夜里就会来。”

这时大家想到了我们这里的另外一位猎人萨索伊其。他身材矮小，站在人堆里不显眼。

“跟我们一起守候吧，好不好？”谢尔盖和安德烈问他。

萨索伊其一声不吭。他转身走到一旁，仔细察看地上的痕迹。

“不对，”他说，“熊不会上这儿来。”

谢尔盖和安德烈耸耸肩膀，说：“随你怎么想吧。”

集体农庄庄员们散开了，萨索伊其也走了。

谢尔盖和安德烈砍了一些树条，在附近的松树上搭了一个棚。

他们看见萨索伊其带着猎枪和他的猎狗阿霞又来了。

他又察看了一番小牛周围的地面，不知为什么，还察看了附近的几棵树。

然后，他就到树林里去了。

那天晚上，谢尔盖和安德烈躲在棚子里守望着。

守了一夜，什么野兽也没看到。

又守了一夜，还是没看到。

第三夜，野兽还是没来。

两个猎人等得不耐烦，就聊了起来：

“也许，萨索伊其注意到了我们没有注意到的线索。

他说得对，熊没有来呀。”

“我们去向他请教一下，好不好？”

“向熊请教吗？”

“干吗向熊请教呀？向萨索伊其请教。”

“别无他法，只好去向他请教了。”

他们去找萨索伊其，萨索伊其恰好从树林里走出来。

萨索伊其把一只大口袋搁在地上，就擦起枪来。

谢尔盖和安德烈说：“你说得对，熊没有来。我们想请教请教你，这究竟是什么缘故呢？”

萨索伊其反问道：“你们有没有听说过，熊把牛咬死，啃掉乳房，却不吃肉？”

两个猎人你看看我，我看看你，心想：熊的确不干这种胡闹事。

萨索伊其又追问道：

“你们看过地上的脚印吗？”

“看倒看过。脚印很大，大约有25厘米宽。”

“脚爪大吗？”

两个猎人感到很难为情：“没看到脚爪印。”

“问题就出在这里。要是熊的话，很容易看到脚爪印。现在请你们说说，哪一种野兽把脚爪缩起来走路？”

“狼！”谢尔盖脱口而出。

萨索伊其只哼了一声：“好个辨别脚印的高手！”

“胡扯，”安德烈说，“狼脚印跟狗脚印一样，只是大一点、窄一点而已。那是猞猁，猞猁走路的时候才缩起爪子，猞猁的脚印才是圆的。”

“千真万确，”萨索伊其说，“咬死小牛的正是猞猁。”

“你在开玩笑吧？”

“不信，请打开背包看。”

谢尔盖和安德烈急忙跑到背包前，打开背包一看，里面是一张很大的红褐色带斑点的猞猁皮。

这么说，咬死我们小牛的凶手就是它呀！至于萨索伊其怎样在树林里追上猞猁，怎样杀死猞猁，这只有他自己和他的猎狗阿霞知道。他们知道，可是绝口不提，不讲给旁人听。

猞猁会攻击小牛，这种事的确很少见。可偏偏我们这儿就发生了这么一件少有的事。

祖国各地播报

无线电呼唤

请注意！请注意！

这里是列宁格勒《森林报》编辑部。

今天是6月22日夏至，是一年里白昼最长的一天。今天，我们将举办一次祖国各地无线电播报。

呼叫冻原带、沙漠、原始森林、草原、海洋和大山！

现在是盛夏，是白天最长、夜晚最短的时候。请谈谈你们那里的情况。

喂！喂！这里是北冰洋群岛

你们说的黑夜是什么样的啊？我们完全忘记了，黑夜和黑暗长什么样。

我们这里的白昼最长了，整整24小时都是白天。太阳在天上一会儿上升，一会儿下降，就是不往海里落。像这样要持续大约三个月。

我们这里一片光明，因此地上的草长得快极了，就像童话里说的，不是一天一天地长，而是一小时一小时地长。树叶越来越茂盛，花儿越开越多。沼泽地里长满了苔藓。连光秃秃的石头上也爬满了五颜六色的植物。

冻原带复活了。

的确，我们这里没有美丽的蝴蝶和蜻蜓，也没有伶俐的蜥蜴、青蛙和蛇，更没有冬天躲到地底下冬眠的大大小小的野兽。我们这里的土地，全年冰冻着，即使在仲夏，也只有地面的一层开冻。

一大群蚊子在冻原带上空嗡嗡地飞，可是我们这里没有著名的蚊子歼灭者——动作灵敏的蝙蝠。它们在我们这儿哪能住得惯呢？哪怕在夏天也不成。它们只能在傍晚和夜里捕捉蚊子。可是我们这里整个夏天都没有黄昏和黑夜。

在我们这里的岛上，野兽的种类不多。只有旅鼠（个儿跟老鼠一般大、短尾巴的啮齿动物）、雪兔、北极狐和驯鹿。大白熊难得从海里游到我们这儿来，在冻原带上大摇大摆地走来走去，搜寻猎物。

不过，我们这里的鸟多得数也数不清！虽然在个别背阴处还有积雪，但是大批的鸟已经飞到我们这里来了。有各色各样的鸣禽——角百灵、北鹨、雪鹀、鹡鸰等。还有

鸥鸟、潜鸟、鹬、野鸭、雁、管鼻鹱、海鸟、模样儿挺逗的花魁鸟，以及许多古里古怪的鸟，说起来你可能连听都没听说过。

到处是啼鸣声、喧闹声、歌唱声。整个冻原带，甚至连光溜溜的岩石都被鸟巢占领了。有些岩石上，成千上万的鸟巢紧挨在一起，连石头上很小的、只能容纳一个蛋的坑，都被做成了鸟巢。喧哗声此起彼伏，真像个鸟市场！假如有猛禽斗胆飞近这个地方，黑压压的一大群鸟就会向它扑去，叫声惊天动地，震耳欲聋。鸟嘴雨点似的朝猛禽啄过去，它们绝不会让自己的孩子受欺负。

瞧，现在我们冻原带上多么快乐啊！

如果你问："既然你们这儿没有夜晚，那么鸟兽什么时候休息、什么时候睡觉呢？"

它们几乎不睡觉，因为没有工夫睡觉呀！打个盹儿，又得干活了：有的喂孩子，有的筑巢，有的孵蛋。谁都忙得不可开交，因为我们这儿的夏季太短暂了。

到冬天再睡觉也不迟，冬天，可以把一年的觉都补回来。

这里是中亚细亚沙漠

我们这儿正好相反：现在万物都睡着了。

毒辣辣的太阳把草木都晒枯了。我们已经不记得，上一场雨是什么时候下的。令人惊奇的是，草木竟然没有全部枯死。

带刺的骆驼草，本身勉强只有半米高，却故意把根钻到离滚烫的地面五六米深的地方，这样，可以吮吸到地下水。其他的灌木和小草，不长叶子，却长满了绿色的细毛，这样，它们可以减少水分蒸发。梭梭树——一种沙漠中的矮树长起来了，它一片叶子也不生，只长绿色的细树枝。

风刮了起来，在沙漠上空卷起干燥的灰沙，把太阳都遮住了。突然，传来一阵令人毛骨悚然的喧嚣声、嗞嗞声，仿佛有成千上万条蛇在叫。

但这不是蛇，是梭梭树的细树枝，被风刮得像鞭子似的在空中抽动，嗞嗞作响。

蛇这会儿在呼呼大睡。金花鼠和跳鼠的天敌——草原蚺蛇，也钻到沙子的深处睡着了。

那些小兽也在睡觉。细腿的金花鼠，用一块土疙瘩堵住洞口，不让阳光晒进来。它整天睡觉，只是在大清早，才出洞找东西吃。这会儿，它得跑多远，才能找到一棵没有晒枯的小植物呀！黄色的金花鼠索性钻到地底下，它准备睡很久很久：睡一个夏天、一个秋天、一个冬天，一直睡到第二年春天。它一年只出来游荡三个月，其余的时间都在睡觉。

蜘蛛、蝎子、蜈蚣、蚂蚁都在躲避火烧火燎的太阳，它们有的躲到石头底下，有的躲到地下，有的躲到背阴的地方，只在夜里才爬出来。动作敏捷的蜥蜴和行动迟缓的乌龟，也不见了。

为了离水源近一些，野兽们都搬到沙漠的边缘去住了。鸟儿早已孵出了小鸟，带着它们一起飞走了。只有飞得很快的山鹑还待在这里，它们可以毫不费力地飞过一百来千米，飞到最近的小河边，先自己喝个饱，然后装上满满的一嗉囊，匆匆忙忙飞回巢里喂小鸟。但是，等小鸟一学会飞翔，它们也就离开了这个恐怖的地方。

只有我们人类不怕沙漠。人类拥有强大的技术，在一切可能的地方，都挖掘了灌溉渠，把清水从遥远的高山引到这里来，让死气沉沉的沙漠，变成绿油油的牧场和农田，让花园和葡萄园在这里茁壮成长。

在没有人的沙漠，人类的第一天敌——风，便成了主人。它会搬动干燥的沙丘，扬起沙浪，赶着它们往村子里跑，掩埋房屋。只有我们人才不怕风：人、水和植物结成同盟，给风画了一道铁的界线，不许它逾越。在人工灌溉的地方，树林像一道铜墙铁壁挡住沙子，青草用数不清的细根吸住沙子，沙丘再也无法移动了。

是的，沙漠的夏天一点儿也不像冻原带的夏天。生物都在太阳底下进入了梦乡。夜黑沉沉的。只有在黑夜里，那些受尽凶残太阳折磨的弱小生命，才能稍透一口气。

喂！喂！这里是乌苏里原始森林

我们这里的森林令人惊叹：它既不像西伯利亚的原始森林，也不像热带的密林。这里有松树，有落叶松，有枞树，还有缠满了带刺的葎草和野葡萄藤的阔叶树。

我们这里的野兽有：驯鹿、印度羚羊、普通棕熊和西藏黑熊、黑兔、猞猁、虎、豹、棕狼和灰狼等。

鸟类有：毛色朴素的灰松鸦和色彩艳丽的野雉，苏联灰雁和中国白雁，普通野鸭和落在树上的五颜六色的漂亮鸳鸯，还有长嘴的白头朱鹭。

白天，原始森林里闷热阴暗。阳光射不进由宽大树顶结成的绿色大帐篷。

在我们这儿，夜晚漆黑一片，白天也是一片漆黑。

现在，各种鸟都已经产下了蛋，或者孵出了小鸟。各种野兽的小崽已经长大，在学习如何捕获猎物。

这里是库班草原

我们平坦的田野一望无际，大批收割机和马拉收割机正在忙着收割庄稼。今年是个丰收年。火车已经把我们的玉蜀黍运到莫斯科和列宁格勒去了。

在收割完庄稼的农田上空，鹰、雕、兀鹰和游隼在来回盘旋。现在，它们可以好好惩治一下盗窃庄稼的敌人——老鼠、田鼠、金花鼠和腮鼠了。现在，隔着老远就可以看见它们从洞里往外探头。连想想都觉得可怕，在庄稼还没收割的时候，这些恶毒的小野兽偷吃了多少麦穗呀。现在它们正在为冬天贮藏口粮。它们捡拾散落在田里的麦粒，用来装满地下粮仓。野兽们也没有落在猛禽的后面：狐狸在收割后的麦田里捕捉小兽，白色的草原鸡貂帮助我们无情地消灭一切啮齿动物。

这里是阿尔泰山脉

在低洼的盆地上，闷热潮湿。朝露在夏天的炙热的阳光下，很快就蒸发了。晚上，草场的上空浓雾弥漫。萦萦上升的水蒸气打湿了山坡，冷却后凝成白云，飘浮在山顶。瞧，天亮前，山顶上总是云雾缭绕。

白天高空的太阳再次把水蒸气变成水滴，于是乌云密布，下起雨来。

山上的积雪不断消融。可是在那些最高的白色山峰上，冰雪封顶，终年不化。山顶上有大片的冰原、冰河。在那很高很高的地方，冰冷刺骨，连正午的太阳都晒不化那里的冰雪。

可是在这些山顶下，雨水和雪水奔淌着，汇成一条条山涧，沿着山坡滚滚而下，沿着岩石如瀑布般飞溅而下，一直流进江河里。于是一年里第二次，就像春天时一样，河水暴涨起来，冲出河岸，在盆地上泛滥。

在我们这里的山上，一切应有尽有：底下的山坡上是原始森林；往上是茂盛的高原草场，一种独特的高山草原；再往上是一片苔藓和地衣，如同长在遥远的、严寒的冻原带上一样。在最高的山顶，整年冰雪封山，跟北极一样，永远是冬天。

在那最可怕的极高处，既不见飞禽，也不见走兽。只有剽悍的雕和兀鹰，才偶尔飞到那里，用锐利的眼睛从云端处搜寻猎物。可是在稍稍往下的地方，就好像一座多层公寓，住满了各色各样的众多居民。它们各住各的楼，各占各的地。

在最高一层的光秃秃的岩石上，住着雄野山羊。在稍往下面的一层，住着雌野山羊和小野山羊，还有跟雌火鸡一样大的山鹑。

在茂盛的高山草场上，一群犄角笔直的山绵羊——羱羊在吃草。雪豹紧随其后想猎取它们。那里是肥硕的旱獭和各类鸣禽的聚居地。再往下，就是原始森林了，里面住着松鸡、雷鸟、鹿和熊等动物。

以前，只在盆地里播种麦子。现在我们把耕地往山上拓展。在那么高的地方，已经不是用马，而是用高山上的长毛牛——牦牛来耕地了。我们殚精竭虑，要从土地上获得最好的收成。我们的目标一定能达到！

喂！喂！这里是海洋

大海一望无际。我们伟大的祖国三面临海：西边是大西洋，北边是北冰洋，东边是太平洋。

我们乘船从列宁格勒出发，经过芬兰湾，横渡波罗的海，来到大西洋。在大西洋上，我们经常碰到外国船队：有英国的、丹麦的、瑞典的，还有挪威的；有商船、邮船，还有渔船。渔船在这里捕捞鲱鱼和鳘鱼。

我们从大西洋来到北冰洋。沿着欧亚两洲的海岸，有一条伟大的北方航线。这儿是我们的领海：这条航线是我们勇敢的俄罗斯航海家开辟的。以前人们认为这条航线是无法打通的，因为这里四处冰封雪冻，充满致命的危险。可是现在，我们的船长们驾驶着一队队船只，由大力士破冰船开道，沿着这条航线航行。

在这些了无人迹的地方，我们看见了许多奇异的景象。起初我们穿越的是大西洋的赤道暖流。我们在那儿碰到了漂浮的冰山，太阳光把它们照得闪闪发亮，刺得人睁不开眼睛。在那里我们从水里拖出许多鲨鱼和海星。

然后这股暖流折向北方，流向北极。在那儿我们看到，巨大的冰原在水面上缓慢移动，一会儿分开，一会儿合拢。我们的飞机在上空做侦察飞行，随时可以通知船上：在冰原中，什么地方航路畅通。

在北冰洋的众多岛屿上，我们看见了成千上万只懒洋洋的大雁，它们虚弱无助。原来它们翅膀上的硬翎脱落了，飞不起来。只要用脚就可以把它们赶进网里去。我们看见了趴在大冰块上休息的、长着獠牙的大海象。我们还看见了各式各样神奇的海豹。有一种大海兔，会突然把头上的大皮囊吹鼓，好像戴了一顶钢盔似的！我们还看见许多可怕的长着大牙、动作神速的逆戟鲸，在追捕鲸和鲸崽。

不过，关于鲸，咱们还是等下次到了太平洋再谈吧，那里的鲸更多一些。

再见！

我们夏季的祖国各地播报节目，到此结束。

下次播报，将于9月22日进行。

打靶场

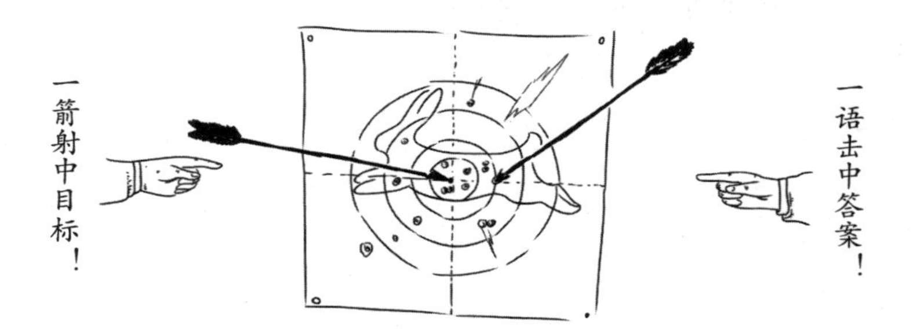

第四场比赛

1. 根据日历，夏天从哪一天开始？这一天的特点是什么？

2. 什么鱼会筑巢？

3. 什么野兽在草丛和灌木丛里筑巢？

4. 什么鸟不筑巢，直接把蛋下在沙地上、坑洼里？

5. 这种鸟蛋的颜色是什么样的？

6. 蝌蚪先长出前脚、还是先长出后脚？

7. 普通刺鱼的刺长在身体的哪些部位？一共有几根

刺？

8. 金腰燕（短尾的）和家燕（尾巴像叉子）筑的巢，从外形上看有什么区别？

9. 为什么不能用手去碰鸟巢里的蛋？

10. 雄萤火虫有翅膀吗？晚上，请你到树林里去，用玻璃杯罩住一只发光的雌萤火虫。它发出的光亮会把雄萤火虫引过来。

11. 什么鸟把鱼刺铺在窝里当垫子用？

12. 为什么燕雀、金翅雀和柳莺在树枝上筑的巢，很少被发现？

13. 所有的鸟在夏天只孵一次蛋吗？

14. 我们这里有没有捕食生物的植物？

15. 哪种动物在水下用空气给自己造房子？

16. 孩子还没出生，就交给别人抚养。这是什么动物？

17. 一只老鹰，飞得老高；张开翅膀，遮住太阳。（谜语）

18. 倒下的是一棵棵树，立起的是一座座山。（谜语）

19. 一串串宝物，挂满枝头树梢；我们的肚子，全靠它填饱。（谜语）

20. 一屈一弯，跳入水中；只见水花，不见踪影。

（谜语）

21．赶也赶不走，拿也拿不起；时候一到，自动消失。（谜语）

22．只见拔草，不见草鞋。（谜语）

23．没有身子却能活，没有舌头却会说话；谁也没见过它，却谁都听说过它。（谜语）

24．不是裁缝，却总是带着针。（谜语）

通　告

第三场锐眼竞赛

谁住在这里？

花园里有两个树洞，里面都能听见小鸟的叫声。仔细看看，怎样才能知道什么鸟在这两个树洞里筑巢？

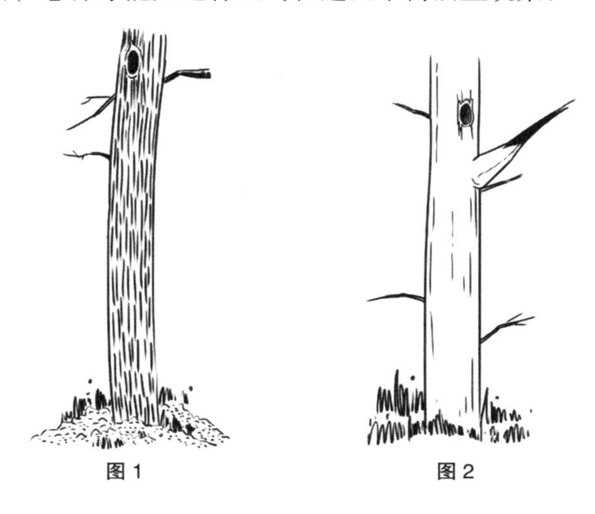

图 1　　图 2

哪种动物住在这肉眼看不到的地底下？

图 3

哪种动物住在这些洞穴里？

图 4

树上的小房子是用苔藓搭成的。这是哪种动物的巢?

图 5

这两个洞很相似,而且是同一个主人挖的。但是在里面住着不同的动物。它们是谁呢?

图 6　　图 7

请珍惜朋友!

我们这儿的小朋友，经常捣毁鸟巢。他们完全没有必要这么做，只是因为调皮捣蛋。他们没有想到，这么做会给自己和祖国带来多么大的损害。科学家们统计过，每一只鸟，即便是最小的鸟，仅仅一个夏天，就给我们的农业和林业带来多达25卢布的收益。每只鸟窝里有4到24只鸟蛋，孵出4到24只雏鸟。你们自己算一算，捣毁一只鸟巢，使国家遭受多大的损失啊!

小朋友们!

请组织一支鸟巢保护队，不让任何人捣毁鸟巢。不要让猫跑到灌木丛或树林里，把它们从那里赶出来。因为猫会抓鸟吃，还会损坏鸟巢。请告诉大家，为什么我们必须珍爱鸟类，鸟儿如何尽心尽力地保护我们的森林、田野和果园，如何大量消灭难以捕捉的害虫，保护我们的庄稼不受害虫的侵害。

哥伦布
俱乐部

第四个月

不久，养母们在自己的巢里孵出了别家的孩子。有些鸟会从巢里扔出不像自己生的蛋，但是既然软弱无力的黄嘴雏鸟是在你的巢里破壳而出的，那么就没有一个鸟妈妈会欺负它，拒绝照料它。在别家鸟巢出生的小鸟乞求给点儿吃的，养母们都会喂养它，而不分是自己家的，还是别人家的孩子。

布谷鸟的想法在朱雀身上实施得很成功。小养母孵出了五个孩子，和红头、红胸的美男子丈夫一起，开始热心地喂养孩子们。当朱雀夫妇飞近鸟巢的时候，五条带着些许绒毛、像绳子一样细长的脖子一起伸过来，迎接它们。五个小脑袋在脖子上晃荡着，都还闭着眼睛呢。它们是三只嘴巴小巧的食虫鸟——石鹏、捕蝇鸟和柳莺，以及两只嘴巴宽大的食谷鸟——朱雀和苍头燕雀。

但是，无论是食虫鸟，还是食谷鸟，朱雀夫妇都用小毛虫和其他柔软的小昆虫来喂养。因此，哥伦布们并不担心，这支由杂牌军组成的小鸟们的生命安全。

哥伦布们还把纤弱的小鸟——白鹡鸰的蛋放到了普通的家雀的窝里，把普通家雀的蛋放到了鹡鸰的巢里。家雀孵出小鹡鸰的时间，比鹡鸰本身孵出孩子的时间早了两天；鹡鸰孵出小家雀的时间，比预期的晚了两天。当小鸟们离开巢、越飞越远的时候，鹡鸰和家雀都可以凭声音认出自己的孩子。于是亲生父母亲毫不费力地便把孩子吸引到了自己身边。

朱雀这儿的情形也是如此。它喂养别家的孩子，只是在雏鸟们还没有学会飞行，还未飞到亲生父母身边的时候。不过，朱雀自己的孩子留了下来，在其他鸟巢出生的、由别的鸟喂养的小朱雀们，也飞到了它的身边。因此朱雀向哥伦布们证明了，它是位伟大的母亲。况且，在某些情况下，把一种鸟的蛋，放到另一种鸟的巢里，无论对成年的鸟儿，还是对雏鸟来说，都是毫不困难的。

哥伦布们自己也成了养育者：他们直接从鸟巢里掏出羽毛尚未长好的雏鸟，带到身边饲养。

廖列琪是女孩中年龄最大的一个，她善良又严厉，精力旺盛，认真仔细。大家公认她是所有雏鸟的总管妈妈。在她的雏鸟托儿所里，什么样的鸟儿没有啊：小黄鸥、赤胸朱顶雀、苍头燕雀、大头伯劳、穿着五彩制服的啄木鸟，和这些小鸟们住在一起的，还有猫头鹰。它的毛色似乎与其他鸟相同，但长着凶恶的钩型嘴，眼睛鼓鼓的。哥伦布们亲切地称它们为“小宝贝”。天刚蒙蒙亮，只要小宝贝一声叫，就会惊醒总管妈妈，而她又去唤醒其他女孩——雏鸟的保姆们。所有的小鸟都能按时吃上早餐，肚子吃得饱饱的猫头鹰甚至连碰都没有碰一下小伙伴。哥伦布们从布雷爷爷那里得到了蚁卵，而猫头鹰常常会得到一小块新鲜肉。

男孩中只有安德烈一人参加了饲养雏鸟的艰苦的劳动。这并没有影响他广泛研究“未知之地”。安德烈用桦树皮搭了几只轻便的小盒子，把它们缝在腰间。一只盒子里装满了蚁卵，其余的盒子里装进了“小宝贝”。于是他就放心地跟着大伙儿一起到树林里去了。当盒子里传出鸟儿吱吱叫声的时候，安德烈落到同伴们的后面，坐在最先看到的树墩上，打开小盒子，用小木钳子把鸟食塞入饥饿的小家伙们张开的嘴巴里。

尼古拉和弗拉基米尔这段时间跑遍了森林。他们用捕鼠器捕捉鼩鼱和小啮齿动物，这类动物通常悄悄藏在草地里的落叶下。他们还把装着诱饵的很深的罐埋入土中，罐边与土齐平。斯拉维米尔积极帮助他们干活。但有时他突然就不见了，就像人们常说的那样，消失得无影无踪。他躲开大伙，藏到空地上高高的草丛中，或者河边的深沟里。他躺在地上，用手托着长着红头发的脑袋，眺望着神秘的幽深的河流或者遥远的天空。远处白帆点点，隐约可见的船只在云下缓缓漂过。有时他若有所思地看着幽暗的森林，仿佛看到了背着公主的大灰狼，长着细脚、会走路的小木屋，以及只长着一只鼻孔、没有脊背的树妖[①]。

---

① 这些都是俄罗斯著名童话故事中的主要角色。——译者注

突然，他回过神来，惊讶地发现天已经快黑了。于是他一跃而起，小声嘟囔着，有节奏地挥着手，跌跌撞撞地返回住处。迎接他的同伴们看见他魂不守舍的样子，便马上明白了，他在路上做了首诗。在他念给大家听之前，这首诗一直缠绕着他，让他不得片刻安宁。这时，画家希格利特总会抓起纸和彩色铅笔，飞快地给他的诗配画。她白天画风景，晚上画诗人诗歌中的形象。

她向女伴们诉苦：

“如果只是松林中的小松鼠，那还好办。但怎么画他喜爱的自然力——那些仙人呢？还记得吗，在写完阴雨天后，他在四行诗中写道：

> 太阳回来啦！
> 风——天庭的扫地人
> 把天空打扫得干干净净，
> 躺下睡觉了。”

米露琪卡出了个主意：

“那你就画个扫地人，当然不是普通的扫地人，而是真正天上的人，长着最最飘逸的大胡子……”

廖列琪赞同地说：

“他一躺下睡觉，扫帚就掉下来了，在云端打转转。”

就这样，哥伦布们轮流帮助女画家画画，经常给诗人提示诗歌中的形象，似乎他们大家拥有同一个诗魂。

只有巴甫洛沙一人不与大伙儿亲近。自从多拉从树林里拖回树叶和树枝之后，巴甫洛沙就完全不去森林了。他把树叶摊在纸上晾干，不停地翻动它们，给树叶编上号，成天只干这件他自称为“整理植物标本”的活儿。一次，哥伦布们纷纷友好地数落他，说他跑这么远的路到这里来，却什么也不干，真不值得。可是，突然，他十分可笑地蹦出句话，让大家都呆住了：

“你们……从早忙到晚，跑得气喘吁吁，却什么也没发现。”

尼古拉轻蔑地打断他：

“难道你发现了什么？如果你们这组有新发现，那也是多拉的功劳，而不是你的。你就是块放平的石头，下面连水都流不过。”

巴甫洛沙出乎意料地、得意扬扬地说：

“我这块石头下面……却流过了水！我是个办公室里的学者，而不是……在森林里乱跑的人。我坐在这儿，比屁股坐不住的多拉，干得更多。你们听说过‘阿来树’吗？啊哈！都不出声了吧！谁也不知道吧！我查过所有的植物检索表，既查了‘阿’，也查了‘来’，都没找到。

我们的书上从未登记过这样的树！这就是我的发现！”

巴甫洛沙兴奋极了，说话时既不带拖音，也不口吃了。

“真有趣！”多拉好奇地问，“你在哪里看到的？”

“还没……看到过，听集体农庄庄员们说的。要是离得近些，我早就去看了。可是据说是在18公里外的米涅耶夫村。古时候，地主不知从什么地方，也许是从非洲或澳大利亚运过来的。据说，树很高大，含着蜜，蜜蜂一直围着它嗡嗡叫。多么神奇的树！散发出蜜香味，分泌出上天赐予的食物——花蜜。”

弗拉基米尔力图减轻胖子出人意料的发现给大家带来的震撼：

“既然它们是从澳大利亚的某个地方运过来的，那就不属于土著居民了。我们现在连一根树枝都没看到，终归不能相信你的‘发现’。”

巴甫洛沙甚至连看都没朝他看一眼，就打断了他：

“这就更有意思了。它们是来自遥远国度的移民。据说，在原产地，这些树长得高极了，只要抬头看树枝，帽子准会从头上掉下来。这些树已经有一百岁了。”

第二天中午，弗拉基米尔带来一只小獾，由巴甫洛沙出其不意的发现引发的轰动立刻逊色了很多。

集体农庄的孩子们指给弗拉基米尔看森林里的獾洞，獾洞有许多入口和出口。弗拉基米尔很有耐心，天还未亮时他就爬上了树，从树上观察獾洞。他在树上一连蹲了好几个小时，饿坏了。这时已将近中午，他正想从树上爬下来，突然看见一只母獾的脑袋往外探了一下，接着又缩回去，消失不见了……五分钟后，母獾嘴里衔着个小獾，从洞里爬了出来。它把小獾拖到小丘上草丛中的沙地里，放在阳光晒得最热的地方，然后又返回洞里。

弗拉基米尔想，他准是去叼第二只小獾了。

但是他没有等它返回，就飞快地从树上滑下来，跑到小獾旁，抓住它的后脖颈，一溜烟跑了！

弗拉基米尔本想把小兽送给米露琪卡，可是小姑娘拒绝了。她说，爸爸妈妈不让她在家里养动物，说养得有感情后，最终还是得把它们送往动物园……弗拉基米尔便把小兽送给了廖列琪，她一直喜爱地看着它。

廖列琪非常喜欢这个小弟子！小兽没有很快习惯保育员。最初几天，廖列琪的手指总缠着绷带：稍有不慎，尚未驯化的小獾就会咬她一口。但是应该承认，廖列琪非常勇敢顽强，她强忍着疼痛，不当着小伙伴们的面哭，也不让他们看见她被咬伤的小手。她甚至一次也没有轻轻地敲一下或打一下小獾。

廖列琪解释道：

“如果在抚育过程中被施加暴力，小宝贝的性格就会变坏。我的叔叔米沙在莫斯科四楼的家里养过一只著名的狐狸，《星火》杂志上还刊登过这只狐狸的照片。他说，如果他是教育部长，他会让学龄前儿童的保育员先养小兽，再教育小孩。他说，人的孩子，野兽的孩子，甚至鸟儿的孩子，总体上都是一样的。对他（它）们需要有爱心、耐心和坚持。米沙叔叔把狐狸驯养得很温顺。还记得那张照片吗？在果戈里大街上，孩子们把木棒塞进狐狸的嘴巴里，抓它的舌头，而这只凶猛的野兽都没想到要咬他们。”

果真如此，两三天后，小獾不仅不再咬人了，还允许廖列琪摸摸它可爱的脸蛋、后脖颈，在她背上打滚，甚至把它抛到半空，跟它一起玩。小兽完全信任她，不久就非常依恋她，像条狗似的跟在她后面。

已经7月20号了，孵鸟的季节已经结束，几乎所有的鸟儿都孵出了小鸟。突然，米露琪卡和廖列琪从森林里跑过来，激动地述说，在林边的一株灌木丛下，找到了一只鸟巢，里面有只黑雌琴鸡在孵五只蛋。

廖列琪惊奇地说：

“怎么会这样？狩猎季节即将开始。林子里几乎所有的鸟儿都孵出了小鸟，而这个小傻瓜还在孵蛋呢！”

塔金说：

“显然，它的第一窝蛋夭折了。今年春天太可怕了。鸡呀，鸭呀，所有陆上的鸟儿都已孵出了蛋。突然寒流降临了，雏鸟都冻死了。第二次还是这样：鸟儿又孵出了蛋，又冻死了。看来这只黑琴鸡已经是第三次孵蛋了。那么，也好，正合我们的意，在黑琴鸡身上也实践一下布谷鸟的想法吧。”

塔金来到鸡棚里，把一只花母鸡赶出鸡窝，从里面拿出一只鸡蛋。廖列琪和米露琪卡跑进森林，把这只白色的鸡蛋放到棕黄色的琴鸡蛋旁。又掏出一只琴鸡蛋。

回到住处，它就变冷了，原来这是一只没有孵出雏鸟的蛋，它没有胚胎。

“我听说，我们雌雷鸟的蛋里，已经传出了雏鸟的叫声！”廖列琪说。

“是吗？太有趣了。这是怎么回事？在黑琴鸡的巢里，白蛋特别惹人注目。难道它最终接受了白蛋吗 ？”塔金说。

“很明显，黑琴鸡丢弃了鸟巢。孵啊孵，却什么也没孵出来，都是些孵不出雏鸟的蛋。而且，还有人把这只畸形的蛋给扔到一边去了。当然，这只蛋让人害怕。”安德烈说。

他们边吃晚饭边说话。尼古拉、米露琪卡、希格利特白天就到湖边去了，可是到现在还没回来，也许在什么地方耽搁了。

晚饭吃完了，他们三人还没回来。天黑了，夜降临了。

米露琪卡、希格利特和尼古拉依旧不见踪影。

SENLINBAO 森林报

NO.5

（夏季第二月）小鸟出生月

7月21日—8月20日 太阳转入狮子宫

一年：十二个月的太阳史诗——7月

7月是夏季的鼎盛时期。它不知疲倦地整顿世界，命令稞麦深鞠躬，把头低到地。燕麦已套上了长袍，荞麦却连衬衫都没穿上！

绿色的植物用阳光锻造身体。成熟的稞麦和小麦像一片金色的海洋。我们把麦子贮存起来，作为一年的口粮。我们也为牲口贮藏干草：割倒一片片青草，堆起一座座干草垛。

鸟儿变得沉默不语：它们现在没工夫唱歌了。所有的鸟巢里都有了小鸟。小鸟刚出生的时候，身上光秃秃的，没有毛，眼睛也是瞎的，需要父母照料很长时间。现在地上、水里、林子里，甚至空中，都遍布着小鸟的食物：够大伙儿吃的。

森林里长满了鲜美多汁的小果实：草莓、黑莓、大覆盆子和醋栗；在北方，长着金黄色的桑悬钩子；在南方果园里，长着樱桃、洋莓和甜樱桃。草地脱下金色的外套，换上了甘菊的花衣裳，白色的花瓣反射着炙热的太阳光。现在可不能跟生命的缔造者——光明之神太阳开玩笑，它的爱抚会把你灼伤的。

森林里的孩子们

谁家有几个孩子

一只年轻的雌驼鹿，住在罗蒙诺索夫城外的原始森林里。今年，它生下了一只小驼鹿。

在这片森林里，还有只白尾巴雕的巢。巢里有两只小雕。

黄雀、燕雀和鸫鸟各孵出五只小鸟。

歪脖鸟（一种啄木鸟）孵出八只小鸟。

长尾巴山雀孵出十二只小鸟。

灰山鹑孵出二十只小鸟。

在棘鱼的巢里，每一颗鱼子孵出一条小棘鱼。一个巢里总共有百来条小棘鱼。

一条鳊鱼产的卵，能孵化出好几十万条小鳊鱼。

一条鳘鱼的孩子更是多得不计其数：有几百万条吧！

无人照料的孩子

鳊鱼和鳘鱼一点儿不关心孩子。它们一生下鱼子，就游走了。它们完全不管小鱼怎样孵化出来，怎样过日子，怎样找东西吃。不过，如果你有几十万个或几百万个孩子，你不这样做还能怎么做？不可能一个个照顾到啊！

一只青蛙只有一千个孩子，即使这样，它也不管孩子！

当然，没有父母照顾的孩子们，日子很难过。水下有许多贪嘴的怪物，它们都爱吃美味的鱼子和青蛙卵、鲜嫩的小鱼和小蛙。

想想真是可怕，在小鱼、蝌蚪长大之前，它们会遇到多少危险，它们中间有多少只会被吃掉啊。

操心的父母

驼鹿妈妈和所有的鸟妈妈，都是非常操心的母亲。

驼鹿妈妈为了它的独生子，随时准备牺牲自己的生命。即使大熊想进攻小驼鹿，驼鹿妈妈也会前后脚一齐进攻。这一顿蹄子让熊大爷印象颇深，下次它再也不敢走到小驼鹿跟前来了。

我们《森林报》的记者，在田野里碰到一只小山鹑，它从他们脚跟前跳出来，一蹿，钻到草丛里躲了起来。

记者们捉住了小山鹑。小山鹑啾啾地大叫起来。山鹑妈妈不知从哪里跑了出来。它看见自己的孩子被人家捉在手里，就一边咕咕地叫着，一边扑了过来；然后又摔倒在地，耷拉着翅膀。

记者们以为它受伤了，就扔下小山鹑，光顾着追它去了。

山鹑妈妈在地上一瘸一拐地走着，眼看一伸手就可以捉到了。可是只要一伸手，它就往旁边一躲。这么追呀追的，忽然，山鹑妈妈扑扑翅膀，从地上飞起，仿佛什么事也没发生过似的飞走了。

记者掉转头来找小山鹑，谁知小山鹑连影子也不见

了。原来山鹑妈妈故意假装受伤，把记者们从孩子的身边引走，好救出它来。它把每个孩子都保护得那么好，因为它的孩子不多，总共才二十个呀！

鸟的干活时间

天刚透出亮光，鸟就起飞了。

椋鸟每天干活十七个小时，家燕每天干活十八个小时，雨燕每天干活十九个小时，朗鹟每天干活二十个小时以上。

这些数字我都核实过。

它们每天不干这么长时间的活不行啊！

为了喂饱自己的孩子，雨燕每天要飞回家三十到三十五次，给小鸟送食物。椋鸟每天至少要送两百次，家燕至少要送三百次，朗鹟要送四百五十多次！

一个夏天，它们消灭掉很多对森林有害的昆虫和幼虫，数量多得数也数不清。

它们孜孜不倦地劳动着！

发自森林记者 尼·斯拉德科夫

沙锥和鹈鹕孵出了什么样的小鸟

这是小鹈鹕。它刚钻出蛋壳，嘴上长着个白色的小疙瘩，这叫作“凿蛋壳齿”。小鹈鹕钻出蛋壳的时候，就是用这颗牙齿凿破蛋壳的。

小鹈鹕长大后，会变成很凶残的猛禽，是啮齿动物的梦魇。

不过，这会儿它还是个长得挺逗的小不点儿，浑身毛茸茸的，眼睛半瞎半明。

它是那样的娇弱无助，连一步也离不开爸爸妈妈。假如爸爸妈妈不给它喂食，它准会活活饿死。

在小鸟里面，也有非常健壮的小家伙，它们刚一破壳而出，就站直了身子。它们会自己找食吃，也不怕水，遇见敌人会自己躲起来。

瞧！这是两只小沙锥。它们钻出蛋壳才一天，可是已经离开了家，自己找蚯蚓吃。

为了让小沙锥在蛋壳里长得壮实些，所以沙锥下很大的蛋。

我们刚才讲过的小山鹑，也是位斗士。它刚一出生，就会撒开腿奔跑。

还有小野鸭：秋沙鸭。

它刚一出生，马上一瘸一拐地走到小河边，扑通一声跳下水，游起泳来。它会潜水，在水面上做各种动作：伸懒腰，欠身，简直像只大野鸭。

而旋木雀的女儿非常娇气。它在巢里待了整整两个礼拜，现在刚飞出来，坐在树墩上。

瞧它那副气鼓鼓的样子！原来它很不满意，妈妈好长时间没来给它喂食了。

它出生已经快三个礼拜了，可还总是吱吱地叫着，要妈妈喂它吃青虫和别的美味佳肴。

海岛殖民地

在一个岛屿的沙滩上，许多小海鸥住在别墅里避暑。

晚上，它们睡在小沙坑里，每个小沙坑里睡三只。沙滩上到处是小沙坑，真称得上是海鸥的大殖民地。

白天，小海鸥在老海鸥的带领下，学习飞行、游泳和抓小鱼。

老海鸥一面教孩子，一面警觉地保护它们。

如果有敌人敢靠近它们，它们就成群飞起来，大叫大嚷地扑向它。这种声势，谁见了都害怕。

连海上的巨无霸白尾雕，都会闻声而逃。

雌雄颠倒

人们从幅员辽阔的祖国各地给我们写信，说他们看见了一种稀奇的小鸟。在莫斯科附近，在阿尔泰山上，在卡马河畔，在波罗的海上，在亚库金，在哈萨克斯坦，本月都有人看见过这种鸟。这种鸟既可爱又漂亮，很像城里卖给年轻的钓鱼迷们的那种色彩艳丽的浮标。它们非常信任人，即使走到离它们只有五步远，它们照样在离你最近的岸边游来游去，一点儿也不害怕。

现在，别的鸟都待在巢里孵小鸟，或者养雏鸟。只有这些鸟聚在一起，周游全国。

令人惊奇的是，这些色彩艳丽的漂亮小鸟，全是雌的。别的鸟都是雄的比雌的明艳亮丽，这种鸟却恰恰相反：雄的灰不溜秋，雌的五彩缤纷。

更让人奇怪的是：这些雌鸟根本不管自己的孩子。在遥远的北方冻原带上，雌鸟在小沙坑里产完蛋，扔下蛋就远走高飞了！雄鸟留在那里孵蛋，哺育小鸟，保护小鸟。

简直是雌雄颠倒！

这种小鸟名叫鳍鹬，是鹬的一种。

这种鸟随处可见：它们今天飞到这里，明天又飞到那里。

森林中的大事

可怕的小鸟

苗条柔弱的鹡鸰妈妈，在巢里孵出六只光秃秃的小鸟。五只小鸟长得都挺像样。剩下一只却是个丑八怪：浑身上下皮肤粗糙，青筋直暴。长着一个大脑袋，一双凸眼睛，眼皮耷拉着。它一张嘴，准把人吓得连退三步：嘴巴像个无底洞，如同野兽的血盆大口！

出生后的第一天，它安静地躺在巢里。只在鹡鸰妈妈衔了食物飞回来的时候，它才吃力地抬起沉甸甸的大脑袋，张开大嘴，低声吱吱叫着："喂喂我吧！"

第二天清晨，凉风习习，鹡鸰爸爸和鹡鸰妈妈飞出去打食了。这时，小怪物蠕动起来。它低下头，把头抵住巢底，叉开两腿，开始往后退。

它的屁股撞到了它的小弟弟，就开始把屁股塞在小弟弟的身子底下，又把光秃秃的弯翅膀往后面甩。接着，它那弯翅膀像把钳子似的钳住了小弟弟。它就这么背着小弟弟一个劲儿往后退，一直退到巢的边缘。

它那瘦弱眼瞎的小弟弟在它那脊柱根的坑洼洼里不停地摇晃，好像被盛在调羹里似的。丑八怪用脑袋和两脚撑住巢底，把小弟弟越抬越高，一直抬到跟巢顶一般齐。

这时，丑八怪挺直身子，猛地往后一甩，小弟弟就从巢里飞了出去。

鹡鸰的巢是筑在河边悬崖上的。

可怜那才一丁点大、光秃秃的小鹡鸰，啪的一声跌在砾石上，被摔得粉身碎骨。

而凶恶的丑八怪自己也差点从巢里摔出来，它的身子在巢边不住地摇晃，幸亏它的大头分量重，才总算把身子重新坠回了巢里。

这可怕的罪恶行径一共只持续了两三分钟。

最后，精疲力竭的丑八怪一动不动地在巢里躺了大约十五分钟。

鹡鸰爸爸和鹡鸰妈妈飞回来了。丑八怪伸长青筋直暴的脖子，抬起沉甸甸的大脑袋，一副懵懵懂懂的样子，若无其事地张开嘴巴，尖声叫起来："喂喂我吧！"

丑八怪吃饱了，休息好了，又开始对付第二个小兄弟。

这个小兄弟没那么容易搞定：它拼命挣扎，不住地从丑八怪的背上滚下来。不过，丑八怪寸步不让。

五天后，丑八怪睁开了眼睛，它看见只有它自个儿躺在巢里。它的五个小兄弟都被它扔到巢外摔死了。

在它出生后的第十二天，它才长出羽毛。这时候真相大白了：鹡鸰夫妇俩倒霉透顶，它们抚养的是一只布谷鸟的弃婴。

可是小布谷鸟叫得可怜巴巴的，像极了它们那些死去的孩子；它抖动着翅膀，哀求着吃食，样子惹人怜爱。纤小温柔的夫妻俩不忍心拒绝它，不忍心丢弃它，让它活活饿死。

夫妻俩自己过着半饥半饱的生活。整天忙忙碌碌，连自己的肚皮都来不及填饱，从早忙到晚，给养子小布谷鸟送去肥壮的青虫。它们几乎把整个头伸进它的血盆大口，才把食物塞进它那贪得无厌、无底洞似的大喉咙。

一直忙到秋天，它们才把小布谷鸟养大。布谷鸟飞走了，从此再也没来看过养父母。

小熊洗澡

我们熟识的一位猎人沿着林中小河的岸边走，忽然听见一阵树枝断裂的咔嚓咔嚓巨响。他大吃一惊，急忙爬上树。

一只棕色的大母熊从树林里走了出来，后面跟着两只活蹦乱跳的小熊和一个熊小伙子。小伙子是熊妈妈一岁大的儿子，现在暂时充当两兄弟的保姆。

熊妈妈坐了下来。

熊小伙子叼住一只小熊的后脖颈，把它往河水里浸。

小熊尖声大叫起来，四脚乱蹬。可是熊小伙子紧叼着不放，直到把它浸在水里，洗得干干净净为止。

另外一只小熊怕洗冷水澡，飞快地溜进树林里去了。

熊小伙子追上去，打了它好几巴掌，然后照样把它浸到水里洗。

洗着，洗着，熊小伙子一不小心，把小熊掉在了水里。小熊吓得大叫起来！熊妈妈立刻跳下水，把小熊拖上岸，然后狠狠地揍了熊小伙子一顿，打得这个可怜虫干号起来。

两只小熊上了岸，似乎对洗澡挺满意：骄阳似火，它们穿着厚厚的、毛烘烘的皮大衣，热得难受。在冷水里洗个澡，感觉凉快多了。

洗完澡后，熊妈妈带着孩子们，又回到了树林里。猎人这才从树上爬下来，走回家去。

浆　果

各种各样的浆果成熟了。人们在果园里采树莓、红醋栗、黑醋栗和酸栗。

在树林里也可以找到树莓。树莓是一种丛生的灌木。假如你从一片树莓间走过，难免会碰断它干脆的茎，那时你就会听到脚底下噼里啪啦一阵响。不过，这不会对树莓造成危害。现在长着浆果的茎，只能活到冬天。瞧，这是它们的下一代。无数新鲜的茎从地下根里钻出来。它们毛茸茸的，长满细刺。明年夏天，就轮到它们开花结果了。

在灌木林和草墩旁，在伐木场的树墩旁，越橘就要成熟了。浆果的一面已经红艳艳的。

越橘的浆果一丛丛长在茎梢上。有几棵越橘结的浆果又大又沉，压得茎都弯下来，躺在了苔藓上。

真想挖出这样一棵小灌木，移植到自己家里栽培，看浆果会不会变得大一点儿？但是，目前人工栽培越橘还没有成功的。越橘的确是一种很有趣的浆果。它的浆果可以保存一冬。吃的时候，只要用开水冲一冲，或者研碎，浆液就会自动流出来。

为什么越橘不会腐烂呢？因为它自己就能防腐。它内含安息酸，安息酸不会让浆果腐烂。

发自尼·芭芙洛娃

猫儿奶大的兔子

今年春天，我家的老猫生了几只小猫，但小猫全都送了人。碰巧就在这一天，我们在树林里抓到一只小兔子。

我们把小兔子放到老猫身边。老猫的奶水充足，所以它很愿意喂养小兔子。

于是，小兔子吃着老猫的奶水逐渐长大。它俩很要好，连睡觉都睡在一起。

最好玩的是，老猫竟然教会了小兔子跟狗打架。只要有狗跑进我们的院子，猫就扑上去，愤怒地抓它。小兔子也会跟过去，举起两只前爪，捶鼓似的朝狗身上击打，打得狗毛直飞。附近的狗都害怕我家的老猫和老猫的养子——小兔子。

小摇头鸟的计谋

我家的老猫看见树上有一个洞，就认定那是鸟巢。它想吃小鸟，便爬上树，把头伸向树洞里看了看，只见几条小蝰蛇在洞底蜷曲蠕动着，并发出咝咝的叫声！猫儿吓得魂飞魄散，从树上跳下来，撒开腿没命地逃走了！

其实躺在树洞里的根本不是蝰蛇，而是摇头鸟的孩子们。这是它们的计谋，用来防御敌人。它们把脑袋转来转去，脖子扭来扭去，仿佛蛇在蜷曲蠕动似的。同时，它们还发出如同蝰蛇一样的咝咝的叫声。谁都害怕剧毒的蝰蛇。所以小摇头鸟模仿蝰蛇，吓跑敌人。

躺在眼皮底下

一只大鹞鹰搜寻到一只琴鸡和它带着的一窝小黄琴

鸡。

它想：这下我的午饭有着落了。

它瞄准了目标，正打算从高空扑下去，却被琴鸡发现了。

琴鸡叫了一声，眨眼间小琴鸡都不见了。鹞�看了又看，还是一只也没看到，仿佛钻进了地缝似的！鹞鹰只得飞走找别的猎物。

琴鸡又叫了一声，在它的周围立刻跳起来一群黄绒绒的小琴鸡。

它们并没有逃走，只不过身子紧贴着地面，躺在附近。不信你试试，看能不能从半空中把它们跟树叶、青草和土块区别开！

凶猛的花

一只蚊子在林中沼泽地的上空飞过。它飞啊飞，飞累了，想喝水。它看见一朵花：绿色的茎，茎梢上长着白色的钟形花，在茎的周围丛生着一片片圆圆的紫红色小叶子。小叶子毛茸茸的，一颗颗亮晶晶的露珠在细毛上闪烁着。

蚊子落在一片小叶子上，伸出嘴去吸露珠。谁知露珠黏糊糊的，把蚊子的嘴粘牢啦。

突然，所有的细毛都蠕动起来，像触须似的伸过来，抓住了蚊子。小圆叶子合拢来，蚊子被裹在里面，不见了踪影。

等到叶子重新张开的时候，一张蚊子的空皮囊掉在地上，因为花儿吸干了蚊子身上的血。

这是一种可怕的、凶猛的花，叫作毛毡苔。它会捉住小虫，把它们统统吃掉。

水下战斗

跟在陆地上生活的孩子一样，在水底下生活的孩子也喜欢打架。

两只小青蛙跳进池塘，看见怪模怪样的蝾螈躺在里面。蝾螈的身子细长，脑袋大大的，四条腿短短的。

“多么可笑的怪物呀！”小青蛙心想，“应该跟它干一仗！”

一只小青蛙咬住大头蝾螈的尾巴，另一只小青蛙咬住它的右前脚。

两只小青蛙使劲儿一拉，蝾螈的尾巴和右前脚留在了小青蛙的嘴里，蝾螈却逃走了。

几天后，小青蛙又在水下碰到这只小蝾螈。现在，它变成了真正的怪物：在该长尾巴的地方，长出一只脚爪；在扯断了的右前脚的地方，却长出一条尾巴。

蜥蜴也有这样的本领：尾巴断了，能重新长出一根尾巴来；脚断了，能重新长出一只脚来。而蝾螈在这方面的本领，比蜥蜴还要强。不过，有时它们会犯糊涂：在断了肢体的地方，会长出跟原先肢体完全不相符合的东西。

不是风，不是鸟，而是水

我想给你们讲一讲小植物景天，讲一讲它开花时的样子。我非常喜欢这种小植物，尤其喜欢它那厚实饱满的灰绿色小叶子。小叶子密密地长在茎上，把茎都遮住了。景天的花也开得很美，是鲜艳的小五角星。

但现在景天的花已经谢了，结了果实。果实也是扁扁的小五角星。它们紧紧地闭拢着。但这并不代表果子没有成熟。天晴的时候，景天的果实总是闭拢的。

现在，我可以迫使它们张开来。只要从水塘里打点水就行，只要一滴水就够了。瞧，水滴正好滴在小星星的中间。于是我的目的达到了：果实的叶子舒展开来了。瞧，种子露出来了。景天的种子不像其他许多植物那样躲避水。

相反，它们迎着水冲了上来。要是再滴上两滴水，种子就顺着水淌下来了。水接住种子，把它们播种到其他地方。

既不是风，也不是鸟，更不是兽，而是水帮助景天传播种子。我看见过一棵长在陡峭的岩石缝里的景天。这是顺着石壁往下流的雨水，把景天的种子带到那儿种上的。

发自尼·芭芙洛娃

小矶凫学游泳

我到湖里去游泳，看见一只矶凫在教它的孩子们游泳，教它们怎样躲避人。大矶凫像只船似的漂浮在水面，小矶凫在潜水。小矶凫钻进了水里，大矶凫就在那里做警卫。最后，它们在芦苇旁钻出了水面，游到芦苇丛里去了。于是我就开始游泳了。

发自森林记者 波波夫

奇特的小果实

荷兰牻（máng）牛儿苗是长在菜地里的一种小草，它的果实非常奇特。这种小草本身其貌不扬，毛毛糙糙。

它开的紫红色花，也稀疏平常。

现在，一部分花已经凋谢了，在每个谢掉的花瓣上竖起个鹳嘴似的小东西。原来每个“鹳嘴”，是五粒小尾巴长在一起的小果实。人们很容易把它们分开。这就是荷兰牻牛儿苗毛茸茸的、闻名遐迩的小果实。它上面尖尖的，下面好像长着条尾巴。尾巴尖弯得像镰刀，底部成螺旋形。这根螺旋一受潮就会伸直。

我把一粒小果实夹在两只手掌中，吹一口气。它转动起来，芒刺把手心挠得痒痒的。的确，它不再是螺旋形的，伸直了。

为什么这种植物要变这样一套魔术呢？原来小果实脱落的时候，戳在地上，用镰刀似的尾巴尖钩住小草。天气潮湿的时候，螺旋旋转起来，尖尖的小果实便旋进了土里。

小果实的退路已经给堵死了：它的芒刺往上戳立，顶住泥土，不让它退出来。

这构思多么巧妙啊！植物自己给自己播种。

从前，人们利用荷兰牻牛儿苗的果实来测量空气的湿度。可想而知，这种果实的小尾巴是多么灵敏。人们把小果实固定在一个地方，于是它的小尾巴就如同湿度计上的“指针”，旋转着，指明空气的湿度。

发自尼·芭芙洛娃

小䴙䴘

我沿着河岸走，看见水面上有一种既像野鸭又不像野鸭的小飞禽。我想：这到底是什么动物呢？野鸭的嘴应该是扁扁的，它们的嘴却是尖尖的。

我迅速脱下衣服，跳下水去追它们。它们躲开我，游到了对岸。我追过去，眼看要逮住了，它们却又往回逃了。我又追过去，它们又逃开了。它们就这样引着我顺流而下。我累得筋疲力尽，差点爬不上岸！我最终也没能逮住它们。

后来，我又见过它们好几次，不过，我没再下水追它们。原来它们不是小野鸭，而是䴙䴘的孩子们：小䴙䴘。

发自森林记者 阿·库罗奇金

夏末的铃兰

8月5日

在我们小河边的花圃里，种着铃兰。伟大的科学家林奈给这种5月盛开的花朵，取了个拉丁文的名字叫作“空谷百合”。在所有的花中，我最爱铃兰。我爱它那小铃铛似的花朵，细瓷般洁白素净；爱它那富于弹性的绿茎；爱它那清凉湿润的细长叶子；爱它那奇妙的清香！总之，整朵花都是那么清纯而富于朝气！

春天，一大清早我就过河去采铃兰花，每天带回一束养在水里。于是，屋子里整天都飘溢着铃兰花的幽香。在我们列宁格勒附近，铃兰在7月份开花。

现在，正逢夏末，我喜爱的花朵给我带来了出其不意的惊喜。

我偶然发现，在它们宽大的、末端尖尖的叶子底下，长出了一种淡红色的小玩意儿。我跪下去，拨开叶子一看，只见里面长着一颗颗略带椭圆形的橘红色坚硬小果子。它们像花儿一样美丽，仿佛在请求我把它们做成耳环，送给我所有的女朋友呢。

发自森林记者 维利卡

蔚蓝和翠绿

8月20日

今天，我一大早就起来了，往窗外一瞧，不由得惊叹起来：青草完全变成了蔚蓝色，湛蓝湛蓝的！小草被重重的露珠压弯了腰，浑身晶莹透亮。

要是你把白色和绿色这两种颜色掺在一起，就会看到它们变成了蔚蓝色。是露珠被抛洒在鲜绿色的青草上，把它染成了蔚蓝色。

几条绿色的小径，穿过蔚蓝色的草丛，从灌木丛一直通到板棚前。一袋袋的麦子存放在板棚里。一群灰山鹑，趁着人们还在熟睡，跑到村子里来偷吃麦子。瞧，它们不正在打麦场上嘛：淡蓝色的山鹑，胸脯上长着棕色的马蹄形斑块。它们的小嘴“笃笃笃”地啄着，忙得不亦乐乎！趁着人们还没起床，它们得抓紧吃点儿。

再往远处，就在树林边上，还未收割的燕麦田里也是一片蔚蓝。一个猎人手里举着枪，在那里走来走去。我知道，他肯定是在守候琴鸡。琴鸡妈妈经常带着它的一窝小琴鸡走出树林，到麦田里来增强营养。每当琴鸡从蔚蓝色燕麦田里跑过，麦田便变成了绿色，因为琴鸡边跑边碰落了露水。猎人始终没有开枪，显然，琴鸡妈妈带着它那一窝小琴鸡，及时撤回树林里去了。

发自森林记者 维利卡

请爱护森林

如果有闪电落在枯树枝上，就会大祸临头；如果有人把一根未熄灭的火柴丢在树林里，或者没把篝火弄灭就走人，也会祸从天降。

跳跃的火苗，像条纤细的小蛇，从篝火里蹿出来，钻入苔藓和一堆堆干枯的针叶和阔叶。突然，它从枯叶堆里跳出来，舔了一下灌木，又向一堆枯树枝跑去……

必须分秒必争：这是流动的林火呀！在它还是微火的时候，你一个人就可以扑灭它。赶快折一些带叶子的新鲜树枝，拼尽全力朝着火苗使劲扑打吧！别让它扩大，别让它转移！叫上你的同伴一起帮忙吧！

如果你手头有把铁锹，哪怕是根结实的木棍，就请赶紧挖点儿土，把泥土和一块块的草皮盖在火上。

如果火苗已经从泥土底下钻出来，从一棵树蹿到另一棵树，那么这就是场森林大火了。赶快撒开腿跑去叫人吧！赶快敲响救火的警钟吧！

森林里的战争（续三）

我们的记者来到第三块采伐迹地。十年前，林业工人们曾经在那里砍伐过树木。现在这块地还在白杨和白桦的掌控之中。

胜利者们不放任何植物进入自己的领地。每年春天，野草都想从土里钻出来，但是它们很快就在多阴的阔叶帐篷下窒息了。枞树每隔两三年结一次种子，每次它都会派一支新的空降部队登陆采伐迹地。不过，那些枞树种子都没能钻出地面，它们都被小白桦和小白杨扼杀了。

年幼的小白桦和小白杨不是一天一天地长高，而是一个小时一个小时地长高。它们挨挨挤挤地耸立在采伐迹地上。有一天，它们终于觉得拥挤了，于是彼此之间开始打架。

每一棵小树都想在地上和地下多抢一点儿空间。每一棵小树都越长越宽，推挤着它们的邻居。采伐迹地上的树木你挤我，我推你，一场混战。

健壮的小树比瘦弱的小树长得快，因为它们的根更牢固、树枝也更长。健壮的小树长高之后，就把它的手（树枝）伸到旁边小树的头上，那些小树就被树荫遮住了，从此告别了阳光。

最后一批瘦弱的小树，被浓密的树荫害死了。这时，矮小的野草终于从土里钻了出来。不过，长高的小树已经不怕它们了。就让小草在脚底下慢慢地爬动吧！还可以取取暖呢。但是胜利者们自己的后代（种子），落在这个黑暗潮湿的地窖里，都给闷死了。

枞树很沉得住气，它们继续每隔两三年就派一支空降部队到这片草木杂生的采伐迹地上来。胜利者们甚至没有注意到这些小东西。在胜利者眼中，它们简直不值一提，就让它们在地窖里慢慢爬吧！

小枞树终于从地底下露出了个头。在阴暗潮湿的地窖里，它们过得很艰难。不过，赖以生存的光线还是有的。它们长得瘦小纤弱。

可是这里也有好处，这里没有风来摇晃它们，把它们连根拔起。每当暴风雨来临的时候，白桦和白杨喘着粗气，被风吹得直弯腰，而小枞树躲在地窖里很安全。

这里非常暖和，有足够的食物。小枞树不会受到春季危险的早霜和冬季严寒的侵袭。地窖里的环境，跟赤裸裸的采伐迹地相比，大不一样。秋天，白桦和白杨的落叶在地上腐烂了，散发出热量，青草也散发出热气。只需要耐心忍受地窖里一年四季的阴暗。

小枞树不像小白桦和小白杨那样喜爱阳光。它们忍受着黑暗，不断地生长着。

我们的记者很怜惜它们。接着，他们又来到第四块采伐迹地。

我们在等待着他们的报道。

集体农庄纪事

可以收割庄稼啦。我们集体农庄的黑麦田和小麦田，好像一望无际的海洋。麦穗长得又高又壮，一排连着一排，每一棵麦穗里都藏着很多很多的麦粒。集体农庄庄员们干得真棒！这些麦粒很快将汇成一股股金灿灿的暖流，流进国家和集体农庄的粮仓。

亚麻也成熟了。集体农庄庄员们正在田里忙活。亚麻是用机器拔的，用机器拔麻可快了！女庄员们跟在拔麻机后面捆麻，把一排排倒下来的亚麻捆作一束束。再按十束一垛，把亚麻堆成垛。不久，亚麻田里就好像排列着一队队士兵似的。

山鹑只好带着一家老小，从秋播的黑麦田搬到春播的田里去了。

集体农庄庄员们在收割黑麦。一束束饱满结实的麦穗，在割麦机的钢锯下倒了下来。庄员们把麦子捆起来堆成垛。一垛垛麦垛竖在田里，仿佛运动会开幕式上站立的一排排运动员似的。

菜地里，胡萝卜、甜菜和其他蔬菜成熟了。集体农庄庄员们把蔬菜运到火车站，火车又把它们运进城。这些天，城里的居民都能吃到鲜嫩可口的黄瓜，喝到用甜菜做的红菜汤，尝到用胡萝卜做的馅饼。

集体农庄的孩子们到树林里采蘑菇和熟透了的树莓、越橘。这些天，哪里有榛子林，哪里就有一群群的孩子。休想把他们撵出林子，他们在那儿采榛子，把口袋装得鼓鼓囊囊的。

现在大人们可顾不上采榛子，他们必须割麦、打麻，用速耕犁耕完所有的田，耙好耕过的地：秋播马上就要开始了。

森林的朋友

在伟大的卫国战争[①]期间，我国的许多森林被毁掉

---

① 即 1941—1945 年期间在苏联进行的反对德国法西斯侵略者的战争。——译者注

了。各处林区正在积极重新造林。我国各中学的学生们在这方面给予了很大帮助。

要栽培一片新的松林，需要几百公斤的松子。三年来，孩子们一共收集了七吨半松子。他们还帮助整地、照料苗木、守护森林，以防止火灾发生。

发自森林记者 查列夫

大家都有活干

早晨，天刚蒙蒙亮，集体农庄庄员们就下地干活了。只要有大人的地方，就能见到孩子们。在刈草场，在农田里，在菜地里，孩子们都在给集体农庄庄员们帮忙。

瞧，孩子们扛着耙子走过来了。他们飞快地把干草耙到一块儿，然后装上大车，送到集体农庄的干草棚里。

杂草也总是让孩子们忙个不停：孩子们经常给亚麻田和马铃薯田清除香蒲、滨藜和木贼等杂草。

到了拔亚麻的季节，孩子们比拔亚麻机先来到亚麻地。

他们拔掉亚麻地四个角上的亚麻，好让拖着拔亚麻机的拖拉机更容易拐弯。

在收割黑麦的田里，孩子们也找到了活儿干。麦子收完后，他们把掉到地上的麦穗耙到一起，捡起来。

发自普斯可夫斯基州斯拉夫可夫斯基区

“大地”集体农庄

集体农庄新闻

来自麦田的消息传到了红星集体农场。

麦子报告说："我们长势良好。麦粒已经成熟，很快就会脱落。你们不用再照顾我们，甚至不用来看我们了。现在我们自己就能干成一切。"

集体农庄庄员们微笑道：

"好像不是这么回事吧，并不是不用来看你们！现在正是我们最忙的时候！"

联合收割机开向了农田。联合收割机是干活的能手：它会割麦、磨麦和扬麦。联合收割机开进麦田的时候，黑麦长得比人高；而当它离开麦田的时候，只剩下低低的麦茬儿。联合收割机为集体农庄庄员们准备好了干净的麦粒。庄员们晒干麦粒，把它们装进麻袋，然后上交给国家。

变黄了的马铃薯田

我们《森林报》的记者来到红旗集体农场。他注意到这个集体农场有两块马铃薯田。其中一块大一些，是深绿色的；另一块小一些，已经变黄了。第二块田里的马铃薯茎叶黄黄的，仿佛快要死了似的。

我们的记者决定弄清楚是怎么回事。后来他寄来了以下报道：

“昨天，一只公鸡跑到变黄的田里。它刨松土，唤来许多母鸡，请它们吃新鲜的马铃薯。一位女庄员正好经过，看见后笑了起来，对女伴说：

“‘你瞧！公鸡第一个来收我们早熟的马铃薯了。也许它知道我们明天就要开刨早熟的马铃薯了吧！’

“由此可见，茎叶变黄了的马铃薯，是早熟的马铃薯。它已经成熟了，所以它的茎叶变黄了。而那块面积大的深绿色田里，种的是晚熟的马铃薯。”

森林简讯

在集体农庄的树林里，第一只卷边乳菇从土里钻出来了。多么结实肥厚的一只卷边乳菇啊！

卷边乳菇的帽子上有个小坑，周边是湿漉漉的穗子。上面依附着许多松针。卷边乳菇周围的土略微隆起。假如把这块土挖开，就可以找到很多很多大卷边乳菇、小卷边乳菇、小小卷边乳菇和最最小的卷边乳菇！

从远方寄来的信——鸟岛

我们乘着船在喀拉海东部航行。周围是无边无际的海水。

忽然，桅顶监视员叫道："正前方，有一座倒立的山！"

"他到底看到了什么？"我心想，也爬上了桅杆。

我清楚地看见，我们的船正驶向一座岩石陡峭、倒挂在空中的岛屿。

一块块岩石上下颠倒地挂在空中，没有什么东西可依托！

"我的朋友，"我自言自语地说，"你的脑子是不是进水了？"

突然我想起来了："啊！是折射！"于是情不自禁地笑了起来。折射是一种奇特的自然现象。

在北冰洋上，常常会出现"折射"现象。这种现象又被叫作海市蜃楼。当船在海面行驶的时候，你突然看见远处的海岸，或者一艘船，倒挂在空中。这是它们在空中颠倒过来的影像，如同在照相机的取景器中看到的那样。

几小时后，我们的船抵达那座远方的小岛。小岛当然没有倒挂在半空中，而是稳稳地矗立在水面，陡峭的岩石也都好端端地立在那儿。

船长测定了方位，查看了地图，说这座岛叫比安基岛，位于诺尔杰歇尔特群岛的海湾入口处。这座岛是为了纪念俄罗斯科学家瓦连京·利沃维奇·比安基而命名的，也就是我们《森林报》所纪念的那位科学家。所以我想，也许你们很想知道这座岛的模样和岛上的东西。

这座岛由许多杂乱的岩石堆成，既有巨大的圆石头，也有大石板。岩石上既不长灌木，也不长青草，只闪烁着一些淡黄色的和白色的小花。另外，在背风朝南的岩石上，长满了地衣和短短的苔藓。岛上还长着一种苔藓，很像我们那儿的平茸菇，柔软肥厚。在其他地方，我从未见过这种苔藓。在倾斜的海岸上，堆着一大堆漂来的木头，有圆木，有树干，也有木板。这些都是从海上漂来的，也许漂了几千公里呢！这些木头都干透了，只要弯起手指轻轻一叩，就会发出清脆的响声。

现在是7月底，可是这里的夏天才刚刚开始。不过，这并不妨碍那些大冰块、小冰山，在太阳底下闪着耀眼的光芒，悄悄地从岛旁漂过。这里的雾很浓，低低地垂在海面上，以至于我们只见过过往船只的桅杆，不见船身。况且，很少有船经过这里。岛上荒无人烟，所以这里的野兽一点儿也不怕人。无论谁，只要身上带着盐，都可以往它们的尾巴上撒点盐，抓住它们。

比安基岛是所真正的鸟的乐园。这里没有鸟的集市，没有几万只鸟拥挤在一块岩石上做巢的情形。无数只鸟无拘无束地在岛上安排自己的住所。成千上万只野鸭、大雁、天鹅、潜鸟以及各种各样的鹬在这里做巢。海鸥、北极鸥和管鼻鹱在稍高一些的、光秃秃的岩石上做巢。这里海鸥的品种众多：既有浑身雪白、翅膀黑黑的鸥，也有小巧玲珑、尾巴像剪刀般叉开的粉红色的鸥，还有高大凶残的北极鸥，这种鸥吃鸟蛋、小鸟和小兽。这里还有通体雪白的北极大猫头鹰。美丽的白翅膀白胸脯的雪鹀唱着歌，像百灵鸟一样飞向高空；北极百灵鸟在地上边跑边唱，它们的脸上长着黑胡子，头上矗起一对黑色的小犄角。

这儿的野兽就更有趣了……

我带着早点，坐在海岬边的海岸上。我坐着，旅鼠在身旁窜来窜去。这是一种小巧的啮齿动物，浑身毛茸茸的，长着黑、灰、黄三色相间的花斑。

在岛上有很多北极狐。我在石堆中看见过一只，它正偷偷地靠近一窝还不会飞的小海鸥。忽然，大海鸥们发现了它，尖叫着、大喊着一齐向它猛扑过去，吓得这个小偷夹起尾巴，撒腿就跑。

这里的鸟善于保护自己，不让自己的孩子受欺负。这样一来，野兽可就要挨饿了。

我开始往海上远眺。那里有许多鸟在游水。

我吹了声口哨。忽然，从岸边水底下钻出几颗光溜溜的圆脑袋，一双双乌黑的眼睛好奇地盯住我，也许在想："这是个什么样的怪物？他为什么吹口哨？"

这是海豹，一种个头不大的海豹。

一只个头很大的海豹，从离岸稍远的地方冒了出来。一些个头更大、长着胡子的海象在更远的地方戏水。刹那间，所有的海豹和海象都钻进水里不见了，鸟儿大叫着飞向天空。原来，一只北极熊从水里露出头，从岛旁游过。北极熊是北极地区最强悍、最残暴的野兽。

我感到肚子饿了，想拿出早点吃。我记得很清楚，把它放在了身后的一块石头上，可是早点却不见了。石头底下也没有。

我跳了起来。

一只北极狐从石头底下蹿了出来。

小偷，小偷！就是它悄悄走近我，偷走了我的早点。它嘴里还叼着我用来包三明治的那张纸呢！

瞧，这里的鸟把一只正派的野兽逼到什么地步了！

发自远航领航员 马尔丁诺夫

基特·韦利卡诺夫的故事

钓鱼人的故事

我喜欢坐在河边或湖边钓鱼。静悄悄地坐着，几乎一动不动，也不惊动谁，却看见周围许多奇事。竟会碰到这样的怪事！鸟兽对你早已司空见惯。也许，它们把你当成了一个没有生命的树墩，于是毫不害怕地爬了出来。我不是很在乎，鱼咬钩了，或者它们毫不理会诱饵。我看着趣事入了迷，连浮标都忘记去看一眼；或者思考着某个问题，甚至什么也不想，不知不觉地打起了盹儿。

上次，还是在夏初的时候，太阳暖洋洋地照着。我坐在湖边的陡岸下，眯起了眼。渐渐进入了梦乡，差点从树墩上摔下来。突然，一个激灵醒过来，警觉地望望四周：是否有人在窥视我？是否有人在嘲笑我？周围一个人也没有，只有雨燕在头顶飞来飞去，在空中捕捉苍蝇。它们朝陡岸飞去，那里有燕子窝，它们肯定在那里下了蛋。

我朝下看，朝草地看：老天爷啊！我脚下的情形简直是克雷洛夫老爷爷[1]寓言故事的翻版：我看见了蜻蜓和蚂蚁！浅蓝色的蜻蜓落在草茎上，翅膀像机翼似的，倾听着蚂蚁说话。而勤劳的蚂蚁面对着它，触须微微颤动着，神情严肃地在向它解释着什么。也许它是在说，不应该整个夏天都唱歌跳舞，应该为冬天考虑考虑吧！而蜻蜓噗地一下就飞走了，落到了我的浮标上。

我不禁笑了起来。一抬头，只见在远处，在低低的河岸上有什么东西在泛着白光。我用望远镜看了会儿（钓鱼时我总是随身带着望远镜），天哪！一只白色的海鸥落在树墩上。它没有像平时那样蹲着，而是肚皮贴在树墩上趴着，像狮子趴在台座上似的。要知道，这可是在列宁格勒市的海军部大厦附近，在宫殿桥[2]旁。

它在搞什么鬼把戏！

我把望远镜移向这边，移向那边：看见了海鸥的头凸立在树墩上，看见了它的尾巴，还看见了……不止一只海鸥。它们怎么了，简直疯了！

---

① 克雷洛夫（1768—1844）是俄罗斯著名的寓言作家。《克雷洛夫寓言集》和《伊索寓言》有许多相似之处，但又有其自身特色，它的故事生动，语言诙谐幽默，具有浓郁的讽刺意味。——译者注

② 这两处建筑都在列宁格勒市繁华的市中心。——译者注

这些小怪物搞得我心烦意乱，连心口都痛了起来。我暗暗想：“应该先吃点东西垫垫肚子了。”

我随身带着一小篮颗粒饱满的“维多利亚”麝香草莓，从家里带来以防万一的：突然饿的话……我立刻把它们清洗干净。麝香草莓很鲜美，像林子里的草莓一样好吃！

我坐在那里，看着湖面，心情渐渐平静下来。湖边一片翠绿，绿色的确能让人远离烦恼，比浆果更容易让人心平气和。湖边的席草长得千姿百态：一些像罩着浅棕色的大玻璃罩似的，另一些像竹子似的，多节状，带着坚硬的管状茎，叶子尖尖、长长的。芦苇没有叶子，非常柔软，用手轻轻一碰，里面就像海绵一样松软。水里什么样的植物没有啊！

我看够了绿色，又开始看浮标。它似乎动了一下，在水下！猛的一下！又不动了。

我暗暗想：“太棒了！这么说来，鱼咬钩了！”

我一跃而起，跑了过去，不过钓鱼竿上什么也没有：钓竿梢弯成了弧形，鱼甚至都没露出水面。我只得开始拉鱼，慢慢拉钓线，逐渐拉近、拉近……已经可以看见，在水深处漂着条大黑影，但到底是什么，却怎么也看不清。

然后我猛地一拉！啊呀！一只小兽吊在鱼钩上！它的模样可奇怪了：圆圆的头，大嘴巴，身子硕大无比，而尾巴！……天啊，我刚把怪物拉到岸上，不禁失声尖叫：它的尾巴比铁铲还宽大！

我一看见它，立刻吓坏了：这里饲养着各式各样的珍稀动物，我必须对它们负责！这个傻瓜被蠕虫诱惑，吞下了与蠕虫别在一起的鱼钩。应该马上叫医生来给它做手术！

原来这是只小海狸。幸亏鱼钩吞得不深，我轻而易举地把鱼钩从它嘴巴里掏了出来。我把它放回湖里。它的大尾巴刚一击打水面，我情不自禁地打了个寒战！

人们说，用钓鱼竿钓鱼，是项安静平和的运动。其实，一点也不安静平和！我把湖里所有的鱼都吓跑了。鱼通常都会这么做，一条鱼脱钩后，马上对同伴们说：“那边坐着个渔夫，不要到那边去，不要碰那边的蠕虫，那边的蠕虫上挂着鱼钩！”当然，鱼儿在水下不会这么大喊大叫，它们不会用人话来交流，但是它们终归可用一套“信号系统”、第三套系统或者随便哪套系统来交流。鱼儿总能向同伴们预警。即使这只小海狸不是条鱼，它只要用铁铲似的尾巴一扑打水面，所有的鱼儿立刻听明白了，它在说：“各位兄弟，快逃命啊！”

我收起钓鱼竿，现在在这儿钓鱼已经没有意义了。我沿着河岸往前走，来到灌木丛边。我刚一放下钓鱼竿，一只小鸟突然从灌木丛里朝我飞来！它朝着我的脸直扑过来，叫道："谁啊？谁啊？谁啊？"完全像金丝雀在叫。它长得也很像金丝雀，不过没有金丝雀那么漂亮，通体褐色。它的嘴像麻雀的嘴。

我自然立刻猜到，在这附近还有这样的小鸟。我摆好钓鱼竿，走进灌木丛。我找了一会儿，果真看到一只鸟巢！令人惊讶的是：一只一模一样的褐色小鸟正在孵蛋。它睁大一只眼睛，怯生生地看着我，并没有飞走。

我只得用手轻轻地碰碰它，它这才飞走了。

我朝巢底看了一眼，不禁惊叫起来！鸟巢里躺着五只鸟蛋，一般大小，颜色却各不相同！第一只淡蓝色，夹杂着黑色斑块。第二只带着红色小点，第三只夹着灰色小斑，第四只蓝绿色，第五只纯粉红色。简直是盘地地道道的大杂烩！

我对这种自然界的奇观惊叹不已，得赶快离开这里，离开灌木丛，好让这位神奇的母亲别担心：它可千万别丢下鸟巢不管。

我回到放钓鱼竿的地方。这时我发现，原先那只机灵勇敢的鸟不知从哪儿又飞了出来：原来它从另一个方向飞了出来。我沿着这个方向找。小鸟好像在跟我捉迷藏：一会儿轻轻叫，一会儿大声叫，因为我接近它的巢了。因此我毫不费力地找到了鸟巢。刚才那只鸟巢搭在醋栗丛中，由干草做的这只鸟巢也搭在灌木丛中，建得也不高：离地大约一米。但这只鸟巢里已经孵出了雏鸟：只有一丁点大，赤裸着身子，还闭着眼睛呢。它们的妈妈很担心，径直飞到我的手上，用嘴巴不停地啄。

我想：“听着，小英雄！我要是一发怒，就会打死你，你会死无葬身之地的！小可怜，停一停，停一停，不要啄了。”

我稍稍退到一旁，在树枝上捉了几只或大或小的毛虫，走到鸟巢旁，把手掌朝小鸟摊开来。你瞧，它立刻明白了，飞到我的手上来，衔起一只小毛虫，飞向孩子们。它把毛虫塞进第一个张开的嘴巴，又飞回到我的手心里来。

这难道不奇妙吗？一只完全陌生的小鸟突然飞到你身边，朝你叫唤，啄你的手。当你给它毛虫时，它从容不迫地把毛虫从你手中衔走，喂给雏鸟吃！现在小鸟明白，正如常言说的，我“毫无恶意地喂它”，于是它让我安静地坐着钓鱼。但是鱼儿一直没有上钩。

我坐着，一直坐着。布谷鸟开始在林子里声嘶力竭地叫唤。我听到它的哀诉，心都要碎了。我想起了老祖母唱的一首如泣如诉的歌：

在遥远的河边，
不时响起

"咕咕！咕咕"声。

不幸的它

丢失了自己的孩子！

的确，失去了所有的孩子，是多么痛苦的事啊！

我收拾好钓鱼竿，回家了。

基特·韦利卡诺夫

打 猎

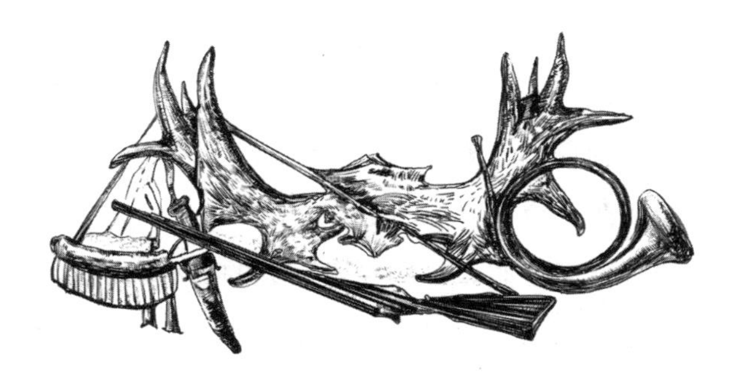

现在小鸟还没长大，还没学会飞行，该怎么打野味呢？不能打小鸟小兽，法律禁止在这个时期打飞禽走兽。

不过，即使在夏天，法律也允许打那些专吃林中小动物的猛禽和危险有害的野兽。

恐怖的黑夜

夏天的夜晚，要是你走出屋子，就会听见从树林里传来一阵阵“呼呼呼”或者“哈哈哈”的声音，令人毛骨悚然，仿佛有蚂蚁从脊背上爬过。

有时在黑暗中，有谁在阁楼或屋顶上闷声闷气地嗡嗡叫，似乎在召唤：“一起走！一起走！上坟墓……”

立刻，两盏圆圆的绿灯在漆黑的半空中燃起，宛如一双邪恶的眼睛。紧接着，一个悄无声息的阴影一闪而过，差点擦到你的脸。这怎能不叫人心生恐惧呢？

由于害怕，人们讨厌各种猫头鹰。树林里的猫头鹰，夜夜在那里刺耳地狂笑；栖息在屋顶上的猫头鹰，用一种不祥的声音在召唤："一起走！一起走！"

即使在白天，假如一颗长着巨大的黄眼睛的脑袋，突然从一个黑幽幽的树洞里探出来，同时钩子似的尖嘴巴发出吧嗒吧嗒的响声，也很容易让人受到惊吓呢！

要是深更半夜里，家禽中间出现慌乱，鸡在鸡窝里咯咯叫，鸭在嘎嘎叫，鹅在呱呱吵，第二天早晨，主人又发现少了小鸡，那他就会直接怪罪到猫头鹰头上。

光天化日之下的抢劫

不仅是黑夜，就是大白天，猛禽也不让集体农庄庄员们清闲片刻。

老母鸡一不注意，小鸡就被鸢抓走了一只。

公鸡刚跳上栅栏，鹞就把它抓走了！鸽子刚从屋顶飞起，不知从哪儿飞来只游隼。游隼冲入鸽群，只猛击一下，就见羽毛四处飘散；它抓住那只死鸽子，逃得无影无踪。

要是猛禽被集体农庄庄员碰上，这个被激怒的人才不管哪只鸟好、哪只鸟坏，他只要一看见长着钩形嘴和长爪子的猛禽，就立刻消灭它。假如他认真地大干一场，打死附近所有的猛禽，然后才幡然醒悟，那就为时已晚：田里的老鼠将大量繁殖起来，金花鼠会吃光庄稼，兔子会啃光大白菜。

缺乏心计的集体农庄庄员将蒙受很大的经济损失。

分清敌友

为了避免上述状况的发生，首先要认真学会分辨有益的猛禽和有害的猛禽。那些伤害野鸟和家禽的猛禽，是有害的。那些消灭老鼠、田鼠、金花鼠、蚱蜢、蝗虫以及其他具有毁坏作用的啮齿动物的猛禽，是有益的。

鸮鸟和枭鸟无论模样多么可怕，它们都是益鸟。只有最大的鸮鸟——大角枭和圆头大鸮鹰才是害鸟。不过，即使它们，也常常捕食啮齿动物。

在白天出动的猛禽中，老鹰带来的危害最大。我们这里的老鹰分为两种：高大的游隼和小个子的鹞鹰（比鸽子瘦小细长些）。

要区分老鹰和其他猛禽并不难。老鹰都是灰色的，胸脯上长着五颜六色的波纹斑；小脑袋，低前额，淡黄色的眼睛；圆翅膀，长尾巴。

老鹰是一种非常健壮、凶残的鸟。它们敢于袭击个头比自己大的动物；即使肚子吃饱的时候，也会不假思索地杀死别的鸟。

尾巴尖分叉的鸢比老鹰弱很多。根据鸢的尾巴的特征，很容易辨认它。它不敢攻击个头大的飞禽走兽，只是四处张望，看哪儿可以拖出只笨头笨脑的小鸡，或者哪儿可以啄食腐烂的动物尸体。

另外，大隼也是害鸟。

它们长着弯成镰刀形的尖翅膀。它们比其他鸟都飞得快，而且常常在高空飞行时扑鸟，以免扑空时猛地撞到地上，撞破胸膛。

最好不要去惊动那些小隼鹰，它们中有些是非常有益的。

例如红隼，或者叫作“疟子鬼”。

常常可以在田野的上空看到红褐色的红隼。它悬在空中，似乎有根无形的线把它挂在云霄处。它扇动着翅膀（因此人们把它叫作“疟子鬼”），在搜寻草丛里的老鼠、蚱蜢和蝗虫。

雕给我们带来的害处比益处多。

打猛禽

一年四季都可以捕杀有害的猛禽。有各种各样打猛禽的方法。

在巢旁打

在巢旁打猛禽是最简便的方法。但是，这很危险。为了保护自己的孩子，高大的猛禽会狂叫着向人直扑过来。猎人必须在离它很近的地方开枪。枪要打得既快又准，不然你的眼睛可就保不住了。但是，你很难找到它们的巢。雕、老鹰和游隼都把住房安置在难以攀登的悬崖上，或者密林里的大树上。大角枭和大鹞鹰把巢做在岩石上，或者做在茂密树林里的地上。

偷　袭

雕和老鹰常常停在干草垛上、白柳树上或者独自屹立着的枯树枝上，搜寻猎物。它们不让人靠近它们。

这就必须实施偷袭，就是从灌木丛或者石头后面悄悄地靠过去。必须用远射程的步枪和小子弹来打。

带上助手

猎人常常带着雕鸮，去打白天飞出来的猛禽。

他先把木杆插在小丘的某个地方，然后在木杆上安一根横木；在离木杆几步路远的地方，先栽入一棵枯树，再在树旁搭个小棚子。

第二天早晨，猎人带着雕鸮来到这里，把它系在木杆的横木上，自己躲在小棚子里。

用不着等多久。只要老鹰或者鸢看见这个可怕的怪物，马上就会向它扑过来。大家都想报复一下雕鸮这个夜间大盗。

它们盘旋着，一次次向雕鸮扑过来，然后落在枯树上，朝这个强盗大喊大叫。

被绑着的大角枭，只得竖起浑身的羽毛，眨巴着眼睛，吧嗒着嘴巴，对猛禽却毫无办法。

怒火冲天的猛禽没有注意到小棚子。这时，你尽管开枪射击吧！

黑夜打猎

黑夜打猛禽是最有趣的。很容易发现老雕和其他大猛禽飞去过夜的地方。例如，在没有悬崖的地方，雕就睡在孤零零的大树树梢上。

在一个没有月光的黑夜，猎人来到大树旁。

雕睡得正香，所以猎人可以走到树下。突然，猎人把预先充好电的强光灯（手电筒或者电石灯）的耀眼亮光，照准雕射去。雕被这道出其不意的亮光照醒了，眯缝着眼。它什么也看不见，什么也不明白，目瞪口呆地坐在那儿。

猎人从树下望上去，看得一清二楚。他瞄准雕，开枪了。

允许打猎了

从7月底起，猎人们就等得急不可耐了，雏鸟已经长大，可是州执行委员会还没有确定今年可以开始打猎的日期。

终于等到了这一天：报上登出公告说，今年从8月6日起允许在树林里和沼泽地打鸟兽。

每个猎人都早已装好弹药，反复检查了猎枪。8月5日那天下班的时候，各个城市的火车站上挤满了扛着猎枪、牵着猎狗的猎人。

火车站上各式各样的猎狗应有尽有！有尾巴像鞭子那样直的短毛猎犬和光毛猎犬，它们的颜色各种各样：白色带小黄斑点的；黄色带杂色斑点的；棕色带彩色斑点的；白色为主，但眼睛、耳朵、全身都带有大黑斑的；深咖啡色的；浑身乌黑发亮的。有毛很长、尾巴像羽毛的谍犬，它们的颜色有：白色，夹杂着泛着青光的小黑斑点的；白色，带大黑斑的；有“红色”的长毛猎狗，浑身火黄的，浑身火红的，几乎是纯红色的；还有大个子猎犬：它们很笨拙，行动迟缓，毛色黑黑的，带黄色斑点。这些猎狗都是为了夏天打猎、打刚离巢的野禽而饲养的；它们都经过训练，一闻到飞禽的气味，就会停住脚步，一动不动，等候主人过来。

还有一种毛很长、腿和尾巴都很短的矮小的猎狗，它的长耳朵几乎垂到地，这是西班牙狗。它不会停下来指明方向，可是带着它在草丛里、芦苇里打野鸭，或者在茂密的树林里打琴鸡，都非常有用。

这种狗会把飞禽从水里、芦苇丛里、茂密的灌木林里或者其他任何地方撵出来，会把打死或者受伤的飞禽衔

来，交到主人手中。

大多数猎人都乘近郊火车下乡，每一节车厢都有。大家都朝他们看，看他们漂亮的猎狗。车厢里的全部话题就是野味、猎狗、猎枪和打猎的事迹。猎人们觉得自己简直成了英雄，他们不时骄傲地望望这些“普通人”：没带猎枪和猎狗的乘客。

6号晚上和7号早晨的火车，又把这些乘客运了回来。可是，唉！好些猎人完全没流露出胜利的神情。瘪塌塌的背包悲伤地垂在背上。

“普通人”笑呵呵地迎接这些不久前的“打猎高手”。

“你们打的野味在哪里呀？”

“野味留在林子里了。”

“飞到海上送死去了。”

然而，一阵低低的赞叹声迎接着一个从小车站上来的猎人，他的背包装得鼓鼓囊囊的。他不朝任何人看，只顾找座位，很快就有人给他让座了。他骄傲地坐了下来。可是他那眼尖的邻座已经在向全车厢的人宣布了：

“咦！……为什么你这野味全带绿脚爪！”那人毫不留情地掀开背包的一角。

枞树的树梢儿从包里露了出来。

多尴尬呀！

打靶场

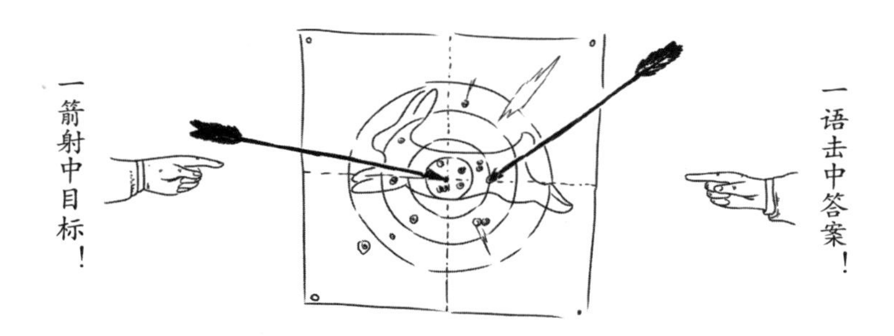

第五场比赛

1．什么鸟长牙齿？

2．通常哪种牛更吃得饱：有尾巴的牛还是没有尾巴的牛？

3．人们为什么把这种蜘蛛（见下图）叫作“割草蛛”？

4．猛禽和猛兽在一年中的哪个季节吃得最饱?

5．哪种动物出生两次、死亡一次?

6．哪些动物必须出生三次，才能长大?

7．当人们形容某件事对人毫无影响时，为什么总是说：“仿佛水从鹅背流下来”？

8．为什么狗觉得热了，会吐舌头，马却不这么做呢?

9．什么鸟的雏鸟不认识自己的妈妈?

10．什么鸟的雏鸟，在树洞里发出像蛇一样的咝咝的叫声?

11．如何根据白嘴鸦的嘴巴，区分小鸟和老鸟呢?

12．哪种鱼会在孩子长大之前一直照顾它们?

13．蜜蜂蜇人之后，它自己将会如何?

14．刚出生的小蝙蝠吃什么?

15．中午时分，向日葵的花朝向何方?

16．公牛在山上跑，母牛在山涧里跑；公牛大声叫，母牛直眨眼。（谜语）

17．早晨，田是淡蓝色的；到了中午，就变成了绿色的。（谜语）

18．几个小老头，戴着红帽子；谁要走近它，就得把腰弯。（谜语）

19．坐在细棒上，穿着红衬衫：肚皮亮晶晶，装满小

石头。（谜语）

20．灌木丛中咝咝叫，突然朝你脚上咬。（谜语）

21．夜里睡在地上，早晨无影无踪。（谜语）

22．谁住在森林里头，砍树不用斧头，盖房没有柱头？（谜语）

23．眼睛长在角上，房子驮在背上。（谜语）

24．花朵美若天仙，刺儿尖利无比。（谜语）

通　告

第四场锐眼竞赛

猜一猜

谁是爸爸，谁是妈妈，谁是孩子？

请帮助无家可归的小鸟

在这个小鸟出生的月份里，我们经常可以看到小鸟从巢里掉下来，或者失去了妈妈。它躺在地上，无助地把头往灌木丛或草丘里钻，想躲开你这个长着两条腿的庞然怪物。可是它的小脚还很软弱，还不会飞。它不知所措。你当然可以抓住它，把它拿在手里，仔细端详，暗暗想：

“小家伙，你是谁啊？属于哪一族的？你妈妈呢？”

可它只会唧唧地叫，声音响亮，孤苦无依。显然，它是在叫它的妈妈。你很想把它送还给它的亲生父母，可问题是：谁是它的爸爸妈妈呢？

这时，你会张大嘴巴问：怎么办？其实你应该闭上嘴巴，睁大眼睛。的确，要猜中它们是什么鸟，不是很容易，因为小鸟长得不太像爸爸妈妈，而且鸟的爸爸妈妈也常常长得不相像。但是，你有一双雪亮的眼睛。你仔细看看，小鸟的脚和嘴长什么样，然后再去找那些长着相似的脚和嘴的老鸟——雌鸟和雄鸟。鸟爸爸和鸟妈妈的羽毛可能不一样，至于雏鸟，可能根本还没有长出羽毛：它或者只长着绒毛，或者浑身光溜溜的。可是根据它的脚和嘴，你立刻能分辨出它的父母亲。这样一来，你就可以把这只丢失的流浪鸟送还给它的爸爸妈妈了。

卷尾琴鸡

因为琴鸡爸爸的尾部羽毛向两边卷起，所以被叫作卷尾琴鸡。不过，你可别只看尾巴，因为琴鸡妈妈的尾巴就不是这样的，而小琴鸡根本没有长出尾巴。

野 鸭

野鸭妈妈的嘴巴是扁平的，小鸭和野鸭爸爸的嘴巴也这样。野鸭的脚趾间长着蹼，你仔细瞧瞧，这是什么样的蹼，可别把野鸭和鹬鹛搞混了。

燕雀妈妈

跟其他鸣禽的雏鸟一样，小燕雀破壳而出的时候，也才一点大，赤裸着身子，软弱无助。燕雀爸爸和燕雀妈妈的体形、身高和尾巴都很相似，只是羽毛有所不同。只要看看雏鸟的脚，就可以认出燕雀的雏鸟。

红脚隼妈妈

猛禽的嘴巴也很凶猛，长得像个钩子，脚爪锋利。雏鹰也是这样。

䴙䴘爸爸

图中画着雌䴙䴘。雄䴙䴘跟它长得很像。很容易辨认小䴙䴘，只要看看它的脚蹼和嘴就行。䴙䴘的脚蹼和野鸭的脚蹼完全不一样。

这里画着五种不同的雏鸟和它们的爸爸或妈妈，顺序完全被打乱。请拿出一张纸，按照以下顺序，重新画一遍：鸟爸爸在小鸟的左边，鸟妈妈在小鸟的右边。

哥伦布
俱乐部

第五个月

夜黑沉沉的，下着雨。哥伦布们谁也没睡。弗拉基米尔最着急，他坐立不安，犹如笼中之兽，在房间里直打转。他不时奔到雨中，在去湖边的路上来回走。塔金推测，米露琪卡、希格利特和尼古拉三人在普拉瓦湖边的村庄里过夜了。但弗拉基米尔不断地说：

"我感到米露琪卡发生了不幸。怪不得这个湖的名字那么不祥。"①

当懒洋洋的晨光刚刚闪现在窗口，哥伦布们已经全体出发，去搜寻失踪者了。他们决定直接去普拉瓦湖边的别列佐夫村，但沿途必须搜索湖周围的原始森林。

雨停了，但脚底下却尽是水洼和烂泥，特别是走进幽暗的森林的时候。大家决定，巴甫洛沙慢慢地沿大路走，不时呼唤几声。而其余七人呈散兵线沿森林走，以哨声互相呼应，以免走失。总管妈妈在家里留守，照顾小獾和所有的小鸟。

弗拉基米尔精力充沛地穿越丛林。只要他前面的乔木和灌木一让出道路，他立刻就会设想，在半明半暗的森林里，在黑幽幽的枞树下，躺着米露琪卡的尸体。他不敢想

① 在俄语中，普拉瓦一词含有"深渊、泥潭"的意思。——译者注

象，米露琪卡和其他两位同伴，到底遭遇了什么。

从散兵线的左边和右边，不时传来山雀的哨声。弗拉基米尔回应着。突然，有个东西嗖的一声从他前面的灌木丛里钻出来，飞向一旁，黑色的翅膀啪啪地碰断了树枝，他不由得打了个冷战。过了好一会儿，他才回过神来，这是森林里的大公鸡——松鸡。在清晨的曚昽中，他觉得原始森林非常神秘和可怕，充满奇异的怪物。

突然，他站住了，他似乎听见前面传来既像叫喊又像呻吟的声音。但是，他搞不明白，响声发自哪里。他竖起了耳朵……

又响起来了！有谁嘶哑着嗓门儿在叫，却听不清楚，在叫点儿什么：

“……是的！……哦！这里！……”

弗拉基米尔迅速迈开脚步，不顾一切地向长满小枞树的密林奔去。他还没来得及看清眼前的大坑，就滑了下去，双脚飞快地朝地底下飞去。

大概在坠落过程中被震昏了，短暂地失去了意识，弗拉基米尔怎么也搞不明白，他在哪里，谁声音沙哑地在他耳边说话：

“热烈欢迎！我们早就等着你了。请随意吧，就像在家里一样！”

弗拉基米尔破口骂道：

“真见鬼！黑得像在地狱里一样！”

“这里就是地狱！瞧，这是死人骨头。”

弗拉基米尔费力地转过头来，他的脖子一直在痛。他看见周围全是在黑暗中泛着白光的骨头，而尼古拉就站在不远处。

“这是在哪里？”他一边把头转来转去，一边问。但是，他立刻看见了，在他的另一边，坐着希格利特和头垂到膝盖上的米露琪卡。

“她怎么了？”弗拉基米尔跳了起来，脱口叫道。

“没关系，没关系！”米露琪卡自己回答道：“稍稍扭伤了脚，仅此而已。”

“喂，你来叫吧。”尼古拉说，“我已经喊破了喉咙。”

弗拉基米尔想起了找人的同伴们，扯开嗓子开始大喊：

“快到这里来！快到这里来！”

女孩子们跟着喊：

“小心！这里有坑！”

几分钟后，传来了塔金的声音：

“嘿，在坑底呢！怎么掉到坑里面去了？你们感觉怎么样？弗拉基米尔在你们这里吗？”

“我们在研究地狱美洲！”弗拉基米尔快乐地回应

道，“米露琪卡的一只脚脱臼了。坑大约有六米深。”

大伙费了好大的劲儿，才把不幸的人们从深坑里拉出来。只得给米露琪卡搭了个担架。身强力壮的安德烈和弗拉基米尔把她抬到了住处。

在屋子里，尼古拉叙述了发生的一切：

“我们在湖边稍微耽搁了会儿，走进森林时，天已经黑了。米露琪卡走在前面，突然只听得一声大叫，我连忙朝她跑去，也跟着她掉进了这该死的洞里。出于同志间的同情，希格利特跟着我们一起跳进了坑里。

“地洞里黑极了，伸手不见五指。但眼睛习惯后，还是能看清一些东西。一面是通道，另一面还是通道。显然，进入了地下通道。我本来想去调查一下通道的走向，猫着腰可以走过去。但女孩们乞求道：不要走开，我们害怕。而和可怜的米露琪卡一起钻出这可恶的坑，又根本不可能：坑很深，坑壁又黏又陡……也指望不上你们：夜里上哪儿找去？天亮前等不到救援。而且总的来说，我们还很怀疑，你们是否能找到我们？

“幸亏我带着一整盒火柴。我点亮一支，很快就熄灭了：周围是那么怪异！脚底下遍布着骨头和骨骼。的确，都是些小骨头，但对于女孩们来说，绝不是合适的陪伴物，即使她们是少年自然科学家。我明白：兔子呀，青蛙呀，蟾蜍呀，蛇呀，从上面摔下来，坑边很滑，它们怎么也爬不上去，就死在这里面了。

“我们就这么坐着、坐着，周围一片漆黑，无事可做，各种念头都冒了出来。我们一直在想，这条地下通道是什么样的，谁挖的，为什么挖的？希格利特说，也许，这是用来诱捕法西斯的，或者准备用来躲人的，想必是游击队员挖的。而米露琪卡想起来，曾经读到过一个童话故事：一只水怪水塘里的鱼总比另一只的少，它只得从自己的塘里挖了条地下通道，通往另一个水塘，把鱼沿着地下通道赶过来。水怪不可能从陆地走。

“她刚刚讲完，突然尖叫起来：‘啊！眼睛！……那边！在那边！’

“的确，我也看到了：两只可怕的眼睛在黑暗中闪着光，我的皮肤上不禁起了一层鸡皮疙瘩。那双眼睛起初喷着绿色的火，然后是红色的，最后熄灭了。

“‘这是水怪在偷看我们！’希格利特声音颤抖地小声说。

“我对她说：‘别说话！’

“那双眼睛又喷出了火。唉，我真后悔，没有随身带着猎枪！当然，我马上想到了，这是狼。只要朝它放上一枪，它就完了！女孩们紧紧地靠着我，浑身发抖，我又能做些什么呢？难道有谁能赤手空拳地击退狼吗？那双眼睛正挑衅地盯着我们呢。

“突然我领悟到：狼非常害怕人的声音，那么，就吓唬它一下吧！我预先悄悄地告诉了女孩们，然后拼尽全力高声叫喊起来，‘勿呵塔—塔—塔！！！’姑娘们也长声尖叫起来，喊声震耳欲聋。”

“你的嗓子都喊哑了。”希格利特说。

“现在是哑了，可当时真的很高兴，狼眼消失了。”

“反正狼眼后来又出现了。”希格利特不肯让步。

“也许它根本就没有逃走：大概通道很快就到头了，或者那边的通道被堵住了。”

尼古拉继续说：

“总之，我想好了，不再号叫，改为点火柴。只要狼眼一开始靠近我们，我就对着它划根火柴。多亏是夏天，夜不太长，终于从上面透来一丝亮光。接着我们听到了弗拉基米尔的声音：米露琪卡立刻听出来是他！”

希格利特证实，尼古拉说的句句属实，并诚恳地承认：

“唉，伙伴们，我们真是吓坏了！说实话，要不是尼古拉在，我和米露琪卡肯定给吓死了。你们只要想想看：那双可怕的眼睛在闪闪发光，我们吓得魂飞魄散，似乎觉得，这个怪物马上就要扑向我们了，我们的骨头在它的牙齿里咔嚓作响！”

狼为什么待在地下通道里，依旧是个未解之谜。安德烈、弗拉基米尔和尼古拉决定最近几天搞清楚这一点。但大家手头都有很多要紧的事，只好推迟考察神秘地洞了。

8月5日打猎开始了。现在弗拉基米尔和尼古拉每天都会带回来琴鸡呀，野鸭呀，鹬呀什么的。哥伦布们详细研究每只鸟，涉及鸟身上的一切，乃至一根小羽毛：登记鸟的大小和重量，把肉烤熟，把漂亮的羽毛放入鸟儿相册，希格利特用细纸条把它们粘上去。哥伦布们制定了严格的规矩：如果剥夺了美丽动物的生命，那么就应该保存有关它们的记忆。他们剥下珍稀动物的皮，再用棉花或柔软的纤维充填动物。

哥伦布们曾经在黑琴鸡身上实施了布谷鸟的想法，现在终于搞清了这一实验的结果。姑娘们把鸡蛋放到了黑琴鸡旁，但是第二天早晨，她们在巢里并没有看到黑琴鸡，只见到已经冷却的棕黄色琴鸡蛋，也就是说，这些蛋被抛弃了。地上还散落着一些白蛋壳。谁也不知道，小鸡去了哪里。是黑琴鸡把它啄死了吗？因为它一直没有孵出自己的后代。哥伦布们试图帮它孵出四只蛋，但是跟第一只一样，它们都是些孵不出雏鸟的蛋。

突然，有一天早晨，尼古拉从森林里回来，讲述了这么一件事：

“我沿着原始森林旁的田边走，那里种着燕麦。露水还挂在麦子上，我看到：那里有黑琴鸡，它们在麦田里漫步，碰落了露珠。突然，一只雌黑琴鸡飞了起来，后面跟着一只小黑琴鸡，只有一只，长得怪模怪样的：不是黄色的，而是彩色的，有花斑的……我放下枪，心想：这是什么怪物？

“黑琴鸡越飞越远，而这只怪物啪地落到了树枝上。它停在树的半腰上，离我很近，我不用望远镜也能看清楚：这是只小公鸡！是我们花母鸡的儿子！真是太棒了！

“这时，黑琴鸡柔声招呼它：‘弗勿！弗勿！咕咕咕！’小公鸡迅速飞了起来，它飞得好极了，像只真正的黑琴鸡！瞧：养母甚至教会了它飞行！它飞到另一棵树上，躲在树枝间，和我玩起了捉迷藏。嗬，完全是只野公鸡，猎人眼中真正的野禽。我听说过变野的家鸡，可是却是第一次亲眼看见。照这样子，也许，我们可以培养出新的野鸡品种：改良过的家鸡！”

尼古拉讲述这一切的时候，大家正好在吃早饭。他们围坐在一棵大枞树下的一张大桌子旁，稍稍长大的小鸟，自由自在地飞来飞去，不时飞到他们身旁，落到他们的肩上，在桌子上跳来跳去，捡拾食物的碎屑。

小獾温顺地蹲在廖列琪的脚旁，等待着从桌上掉下来的美味佳肴。

8月21日到了，这是我们这儿每年最后一批雨燕消失的日子。塔金提前一礼拜通知了雨燕飞离的日期，现在哥伦布们确信，这些快速飞翔的小鸟严格遵循自己的日历，虽然它们根本不必着急：空中到处飞舞着它们要吃的野味——苍蝇和蚊子。燕子和夜鹰也以苍蝇为食，它们连想都没想过要飞走呢。

哥伦布们也该准备回城了：9月1日学校就开学了。一星期后他们将回到列宁格勒。

他们决定，离开之前，全体在普拉瓦湖上集合，在湖中的小岛上度过一整天。

SENLINBAO 森林报

NO.6

（夏季第三月）成群结队月

8月21日—9月20日太阳转入室女宫

一年：十二个月的太阳史诗——8月

8月是闪亮的月。夜里，流动的启明星无声地照亮树林。

草地在夏季里最后一次换上新装：现在，它变得五彩纷呈，花儿变成深颜色的：蓝色的、淡紫色的。太阳光开始减弱，应当收藏临别的阳光了。

像蔬菜、水果这类较大的果实快要成熟了；像树莓、越橘这类晚熟的浆果也快要成熟了；沼泽地上的蔓越橘和树上的山梨，也都快成熟了。

蘑菇长出来了，它们活像小老头，不喜欢火辣辣的太阳，躲在阴凉的地方，尽量不让太阳晒到自己。

树木已经不再长高长粗了。

森林里的新习俗

森林里的孩子们已经长大，钻出了鸟巢。

那些春天里成双成对、住在固定地盘上的鸟儿们，现在带着孩子们，在树林里过起了游牧生活。

森林里的居民们互相做客。

即使猛兽和猛禽，也不再严守着自己打食的地盘。野味到处都有，大家都有东西吃。

貂、黄鼠狼和白鼬在树林里闲逛。无论在哪里，它们都很容易搞到吃食：有的是笨头笨脑的小鸟、缺乏经验的小兔、麻痹大意的小老鼠。

鸣禽一群群地在灌木和乔木间漫游。

群有群的习俗。

习俗是这样的：

我为人人，人人为我

谁先看见敌人，必须尖叫一声，或者吹声口哨，警告大伙儿，让大伙儿赶快四处逃散。假如有只鸟遇到危险，大家一齐上阵，大喊大叫，吓退敌人。

上百双眼睛、上百双耳朵在警戒着敌人，上百张尖嘴巴准备打退敌人的进攻。加入鸟群的小鸟当然越多越好。

小鸟在鸟群里必须遵守如下规矩：一举一动都得模仿大鸟。大鸟们不急不慢地啄麦粒，小鸟也必须啄麦粒。大鸟们仰起头来一动不动，小鸟也必须仰起头来呆立不动。大鸟们逃跑，小鸟也必须跟着跑。

教练场

鹤和琴鸡都有一处真正的教练场地，供孩子们学习。

琴鸡的教练场在树林里。小琴鸡聚集在一起，看琴鸡爸爸干什么。

琴鸡爸爸咕噜咕噜叫，小琴鸡也跟着咕噜咕噜叫。琴鸡爸爸“丘呋！丘呋”地叫，小琴鸡也细声细气“丘呋！丘呋”地叫。

只是现在琴鸡爸爸不像春天时那么叫了。春天时，它好像在叫：“我要卖掉皮袄，我要买件外套！”现在好像在叫：“我要卖掉外套，我要买件皮袄！”

小鹤排着队飞到教练场上来，它们学习在飞行时如何保持正确的三角形队形。必须学会这样飞，在长途飞行时才能节省力气。

身体最棒的老鹤，飞在三角形队列的最前面。作为全队的先锋，它必须花很大的力气冲破气浪。

等到它飞累了，就退到队尾，由另一只健壮的老鹤代替它当领队。

小鹤跟着排头兵飞，头对尾，尾对头，均匀地扇动着翅膀。谁的力气大些，就飞在前面，谁的力气小些，就跟在后面。三角形队列的尖头冲破一个个气浪，如同小船用船头破浪前进一般。

咕尔，啰！咕尔，啰！

这是在发布命令：“听口令，飞到了！”

鹤一只接着一只地落到地上。这里是田野当中的一块空地，小鹤在这儿练习跳舞和做体操：跳啊，转啊，富于韵律地做出各种灵巧的动作。它们还必须练习最困难的一项：先用嘴把一块小石子往上抛，再用嘴接住它。

它们在为长途飞行做准备……

蜘蛛飞行员

没有翅膀，怎么飞行？

必须想办法呀！瞧，蜘蛛摇身一变，成了气球飞行员。

小蜘蛛从肚子里抽出一根细蛛丝，挂到灌木上。微风吹得细蛛丝左右摇晃，却吹不断它。细蛛丝像蚕丝那么坚韧。

小蜘蛛站在地上。蜘蛛丝在树枝和地面之间飘荡。小蜘蛛站在地上，不停地抽丝。丝把身子缠住了，好像裹在蚕茧里似的，可是丝还在不断地抽出来。

蜘蛛丝越抽越长，风越刮越大。

小蜘蛛用脚爪抵住地面，牢牢地抓住地面。

1，2，3，小蜘蛛迎着风走上去，咬断挂在树枝上的那一端。

一阵风，把小蜘蛛推离了地面。

飞起来了！

赶紧把缠在身上的丝解开！

小气球上升了……在草地和灌木丛的上空高高飞翔。

飞行员从上往下看：降落在哪儿最合适呢？

下面是树林，是小河。继续往前飞！继续往前飞！

瞧，这是谁家的小院？一群苍蝇正萦绕在粪堆旁。停下来吧！降落！

飞行员把蜘蛛丝绕到自己身体底下，用小爪子把蜘蛛丝缠成一个小团儿。小气球越降越低……

预备：着陆！

蜘蛛丝的一头挂在草丛上，小蜘蛛着陆了！

可以在这里平静地过日子了。

可以看到许多小蜘蛛带着细丝在空中飞舞，这往往是在秋天干燥晴朗的日子里。这时农民们就会说：“秋老婆子来了！”那是秋的银发在飘。

森林中的大事

一只山羊啃光了一片树林

这不是说笑话，一只山羊确确实实啃光了一片树林。

这只山羊是护林员买的。他把它带回树林里，拴在草地的一根树桩上。半夜，山羊挣脱绳子，逃走了。

周围全是树木。它会上哪里去呢？幸亏附近没有狼。

护林员找了三天，也没找到。第四天，它自己跑回来了，“咩，咩，咩”地叫着，好像在说：“你好！我回来了！”

晚上，邻近的一个护林员跑来了。原来山羊把他那个地段上所有的树苗都吃光了，啃掉了整整一片树林！

树木小的时候，完全没有自卫能力。随便哪只牲口，都能欺负它，把它连根拔出来吃掉。

山羊喜欢细小的松树苗。它们像小棕榈似的，模样俊极了：下面是细细的小红柄，上面是扇形的柔软的绿针叶。也许山羊觉得它们很美味吧！

显然，山羊不敢去碰大松树，大松树会把它刺得头破血流的！

发自森林记者 维利卡

抓强盗

黄柳莺成群结队，在林子里游荡。从一棵树飞到另一棵树，从一棵灌木飞到另一棵灌木。它们飞遍了每一棵树、每一棵灌木，上上下下搜了个遍。树叶下、树皮上、树缝里，凡是有青虫、甲虫或蝴蝶飞蛾的地方，都钻进去瞧一瞧，把小虫拖出来吃掉。

“啾咿！啾咿！”一只小鸟惊慌地叫起来。所有的小鸟立刻提高了警惕，只见一只凶恶的貂隐藏在树根之间：它一会儿露出乌黑的脊背，一会儿消失在伏地的枯树之间。它那细长的身子像条蛇似的扭动着，一双恶狠狠的小眼睛在黑暗中射出凶光。

“啾咿！啾咿！”小鸟的叫声从四面八方响起，柳莺们连忙全体撤离了大树。

天亮时还好办。只要一只鸟发现了敌人，大家就可以获救。夜晚，小鸟蜷曲着在树枝下睡觉。敌人可没睡觉！

猫头鹰用柔软的翅膀拨开空气，悄无声息地飞过来，看清楚后就用爪子一抓！睡眼惺忪的小鸟吓得四处逃窜，可是总有两三只会被抓住，在强盗的铁爪中挣扎着。天黑的时候，可真糟糕！

这时，这群柳莺从一棵树飞到另一棵树，从一棵灌木飞到另一棵灌木，钻进了密林的深处。这些轻盈的鸟儿，穿过浓密的树林，飞进了最隐僻的角落。

一根粗大的树桩子，立在丛林中间。一簇模样丑陋的木耳，长在树桩上。

一只柳莺飞到木耳跟前，想看看有没有蜗牛在上面爬。

冷不丁，木耳的灰帽檐往上翻，一双圆溜溜的眼睛在下面一闪一闪的。

这时，柳莺才看清一张猫一般的圆脸，脸上有一张凶恶的弯嘴巴。

柳莺大吃一惊，连忙往旁边一躲，尖叫起来："啾咿！啾咿！"鸟群骚动起来，可是一只小鸟也没逃离。大家聚集在那根可怕的树桩子周围。

"猫头鹰！猫头鹰！猫头鹰！救命！救命！"

猫头鹰生气地吧嗒着嘴巴："哼！竟然找上我啦！不让我睡个好觉！"

听见柳莺的警报，小鸟们从四面八方飞过来。

抓强盗!

小不点黄头戴菊鸟，从高大的枞树上飞下来。机灵的山雀从灌木丛里跳出来，勇敢地投入战斗。它们在猫头鹰的眼前飞来飞去，盘旋着，讥讽地朝它大叫：

“来呀！来碰我们呀！来呀！来抓我们呀！尽管追过来抓我们呀！大白天里你倒试试看！你这个卑鄙无耻的夜行大盗！”

猫头鹰只能吧嗒着嘴巴，眨巴着眼睛。光天化日之下，它能怎么办呢?

鸟儿还在络绎不绝地飞来。柳莺和山雀的尖叫与喧嚣，引来了一大群勇敢强壮的林中老鸦：长着淡蓝色翅膀的松鸦。

猫头鹰吓得胆战心惊，扇动着翅膀，赶紧开溜。趁着还未受伤，赶快逃吧，要不然会被松鸦啄死的。

松鸦紧追不舍，追呀，追呀，一直把它赶出了森林。

今天夜里，柳莺可以安心睡一觉了。受过这样的惊吓之后，猫头鹰绝不敢很快回到老地方来。

草　莓

在森林边，草莓变红了。鸟儿找到红色的草莓果，衔着飞走了。它们将把草莓的种子撒播到远方。可是有一部分草莓的后代依旧留在原地，和亲生母亲长在一起。

瞧，在这棵草莓旁，已经长出了匍匐的细茎——藤蔓。一棵小植株，长在藤蔓梢上，那是一簇丛生的小叶子和根的胚芽。这里又是一棵。在同一棵藤蔓上，长着三簇丛生的小叶子。第一棵小植株已经扎下了根；其余两棵的梢头还未长好。藤蔓从母本植株向四面八方延伸开去。必须在野草稀疏的地方找，才能找到带着上一年出生的子女的母本植株。比如说这一棵：中间是母本植株，孩子们围在它的周围，一共有三圈。每一圈有五棵。

草莓就这样一圈圈地扩展，占领土地。

发自尼·芭芙洛娃

狗熊被吓死了

一天晚上，猎人很晚才走出森林，返回村庄。他走到燕麦田边，看见麦地里有个黑影在闪动。那是什么东西呀？

难道是牲口闯到了不该去的地方？

仔细一看，我的天啊！原来是只大狗熊。它肚皮朝下趴在地上，两只前掌抱住一束麦穗，把麦穗压在身子底下吮吸着！它懒洋洋地趴着，满意得直哼哼。看来，它很喜欢喝燕麦浆。

猎人没带子弹，只带了一颗小霰弹（他原本是去打鸟的）。可他是个勇敢的年轻人。

他想："嘿！不管打得中打不中，先开它一枪再说。总不能让狗熊糟蹋集体农庄的麦地吧！不打伤它，它是不会挪地方的。"

他装上霰弹，啪的一枪，枪声正好在大熊的耳朵边炸响。

这突如其来的响声把狗熊吓得一蹦三尺高。麦田边上有一丛灌木，狗熊像只飞鸟似的跃了过去。

狗熊摔了个大跟头，爬起来，头也不回地继续向森林里跑。

猎人看到狗熊胆子这么小，感到很好笑。然后他就回家了。

第二天，他想："得去瞧一瞧。不知田里的燕麦给狗熊糟蹋了多少？"他来到昨晚那个地方，只见熊粪的痕迹一直延伸到森林里，原来昨天狗熊吓得拉肚子了。

他顺着痕迹找过去，看见狗熊躺在那儿，已经死掉啦！

这么说，它竟然被意外的响声吓死了。狗熊还号称是森林里最强悍、最可怕的野兽呢！

食用蘑菇

雨后，蘑菇又长出来了。

长在松林里的白蘑菇是最好的蘑菇。

白蘑菇长得肥硕厚实。它们的帽是深栗色的。它们散发出的香味特别好闻。

油菇长在林中道路两旁的低矮的草丛里。有时它直接就长在车辙里。它们小的时候像只小绒球，长得很漂亮。漂亮固然漂亮，可是黏糊糊的，总有点什么东西黏在上面：不是枯树叶，就是细草秆。

松乳菇长在松林中的草地上，火红火红的，隔老远就能看见。这种蘑菇可真多！大的几乎跟小碟子一般大，帽子被虫子蛀得都是洞，颜色变绿了。中等大小、比分币稍微大一点的蘑菇最好。这种蘑菇最厚实，它们的帽子中间往下凹，边沿卷起。

枞树林里也有很多蘑菇。白蘑菇和松乳菇也长在枞树下，但是和松林里长的不一样。白蘑菇的帽子是淡黄色的，柄更细长一些。松乳菇的颜色跟松林里长的完全不同，它们的帽子上面不是棕红色，而是蓝绿色，而且有一圈一圈的纹理，仿佛树桩上的年轮似的。

在白桦树和白杨树下，各自长着蘑菇。因此，它们分别被称为白桦树菇和白杨树菇。白桦树菇在离白桦树很远的地方也能生长，白杨树菇却紧紧地靠着白杨树，它只能生长在白杨树的根上。白杨树菇长得很漂亮，亭亭玉立，端庄大方。它的菇帽和菇柄如雕如琢。

发自尼·芭芙洛娃

毒蘑菇

雨后，也长出了不少毒蘑菇。食用菇主要是白色的。不过，毒菇也有白色的。你可得小心辨认！它是毒菇中最毒的一种。吃下一小块毒白菇（学名叫毒鹅膏），比让毒蛇咬一口更可怕。它可以叫人丧命。要是有人误吃了这种毒菇，很难恢复健康。

幸亏毒鹅膏很容易辨认。它和一切食用菇的区别，就是它的柄仿佛是插在细颈的大花瓶里似的。据说，人们很可能会把毒鹅膏跟香菇混淆，因为它们的菇帽都是白的。不过，香菇的柄是普通样子的，谁也不会认为它仿佛是插在花瓶里似的。

毒鹅膏最像蛤蟆菌。有人甚至把它叫作白毒蝇菇。要是用铅笔把它画下来，人们会认不出，这是毒鹅膏还是蛤蟆菌。毒鹅膏跟蛤蟆菌一样，菇帽上有白色的碎片，菇柄上像带着一条小领子似的。

还有两种危险的毒菇，人们很容易把它们当作白蘑菇。这两种毒菇分别叫作胆菇和鬼菇。

它们不同于白蘑菇的特点是：它们的菇帽背后，不像白蘑菇那样是白色或淡黄色的，而是粉红色，甚至是红色的。另外，假如把白蘑菇的菇帽掰碎，它还是白色的；假如把胆菇和鬼菇的菇帽掰碎，它们一开始变成红色，然后又变成黑色。

发自尼·芭芙洛娃

暴风雪

昨天，在我们这儿的湖面上，暴风雪大作。轻盈的鹅毛大雪在空中飞舞，眼瞅着就要落到水面了，却又腾空跃起，盘旋着，从空中洒落下来。天气晴朗。骄阳似火。热气流在炙热的阳光下缓慢地流动，没有一丝风。可是湖面上却大雪飘飘！

今天早上，一片片干燥沉寂的雪花，落在湖面和湖岸上。

这种雪花可奇怪了：在灼热的太阳下不会融化，在阳光下也不会闪闪发光。它温暖易碎。

我们走过去看，等走到岸边时，才搞明白：这根本不是雪花，而是成千上万只长着翅膀的小昆虫——蜉蝣。

昨天它们从湖里飞了出来。它们在黑乎乎的湖底，已经住了整整三年。那时，它们是些模样丑陋的小幼虫，在湖底的淤泥里蠕动。

它们以淤泥和臭气熏天的水藻为食，从未见过太阳。

它们就这样过了三年，过了整整一千天。

昨天，这些幼虫爬上岸，脱掉身上丑陋的幼虫皮，展开轻盈的翅膀，释放出三条尾巴，即三条细长的线，飞到空中去了。

它们只被给予一天的生命，可以在空中旋转跳舞，寻欢作乐。因此，它们被叫作短命鬼。

整整一天，它们在阳光下跳舞，像轻盈的雪花在空中飞舞旋转。雌蜉蝣降落到水面，在水里产下细小的卵。

然后，当太阳西沉、黑夜降临的时候，蜉蝣的尸体撒满了湖岸和水面。

蜉蝣的卵将孵化成小幼虫。幼虫又将在黑暗的湖底度过整整一千天，然后展开翅膀飞到湖面上空，做一天快活的短命鬼。

白野鸭

一群野鸭降落在湖中央。

我在岸边看着它们。我惊讶地发现，在这一群生着夏季羽毛的纯灰色雄野鸭和雌野鸭中，有一只浅颜色野鸭特别引人注目。它一直待在野鸭群的中间。

我拿起望远镜，把它全面仔细地研究了一番。它从头到尾都是奶白色的。当清晨明亮的太阳从乌云后钻出来时，它突然变得雪白耀眼，在那一群深灰色的同类中，显得特别扎眼。其他方面，它和别的野鸭并无两样。

在我五十年的狩猎生涯中，还是第一次看见这种得了白化病的野鸭。患这种病的鸟兽，血液里缺乏色素。它们天生就是通体雪白，或者颜色非常淡，一辈子都是这样。它们丧失了在自然界里具有救命意义的动物保护色，这种保护色可以使它们在居住的地方不那么显眼。

我当然很希望打到这只稀奇的野鸭。不知道是什么奇迹，让它免于死在猛禽的利爪下。不过，现在可打不到它，因为这群野鸭落在湖心休息，就是为了不让人走近前去开枪。我变得心神不安起来，只好等机会，等在岸边时遇到这只白野鸭了。

我没想到，这样的机会很快来临了。

我正沿着狭窄水湾的岸边走，忽然几只野鸭从草丛里飞了出来，那只白野鸭也在其中。我连忙朝它射击。但是，在开枪的一瞬间，一只灰野鸭用身体挡住了白野鸭。灰野鸭被我的霰弹打中，摔了下来。白野鸭却和别的野鸭一起逃走了。

这是个偶然吗？毫无疑问，是的！不过，那年夏天，我在湖中心和水湾里，还见过这只白野鸭好几次。它总是由几只灰野鸭陪伴着，仿佛在它们的护送之下似的。自然，普通灰野鸭会不由自主地把猎人的霰弹吸引到自己身上，而白野鸭在它们的保护下安然无恙地飞走了。

至少我始终没能打着它。

这件事发生在皮洛斯湖上。皮洛斯湖位于诺甫戈罗德州和加里宁州的交界处。

发自维塔利·比安基

绿色的朋友

应该种哪几种树

您知道最好用哪几种树来造新的树林吗?

我们知道，为了造林已选好16种乔木和14种灌木，这些树木在我国各地都可以栽种。

最主要的树木有：栎树、杨树、枵树、桦树、榆树、槭树、松树、落叶松、桉树、苹果树、梨树、柳树、花楸树、洋槐、锦鸡儿、蔷薇和醋栗等。

孩子们应该对此有所了解，并且必须牢记，为了开辟苗圃，需要采集哪些植物的种子。

发自森林记者 彼·拉甫诺夫

谢·拉利昂诺夫

机器栽树

必须种很多很多树，光靠双手可来不及。

机器来帮忙了。人类发明制造了各种复杂巧妙的种树机。这些机器不但能播树木种子，还能栽种苗木，甚至栽种大树。有专门栽种森林带的机器，有在峡谷边上造林用的机器，有挖池塘的机器，有整地的机器，甚至还有照料苗木的机器。

新　湖

在你们列宁格勒，有许多河流、湖泊和池塘。所以夏天不太热。可是在我们克里米边疆区，池塘很少，根本没有湖。只有一条小河流经这里；可是一到夏天，这条小河也干涸了，我们只要稍微卷起点儿裤腿，就可以赤脚走过河。

以前，我们集体农庄的果园和菜地，经常遭受旱灾。

现在果园和菜地再也不会缺水了。我们这一区的集体农庄庄员们新挖了一个水库——一个非常非常大的湖，蓄水量为500万立方米。

这个湖的水足够用来浇灌我们500公顷的菜地，还可以养鱼、养水禽！

发自第聂伯罗彼得洛夫州克里米边疆区少先队员

瓦·普龙钦科　列·卡巴特敏科

我们要帮助造林

我国人民现在正忙于伟大的和平建设。在伏尔加河、第聂伯河和阿姆河上，正在建造前所未有的水电站；用运河把伏尔加河和顿河连接起来；到处都在造可以保护农田免受沙漠恶风袭击的森林带。苏联全国人民都在参加共产主义建设。我们少先队员和小学生，也想帮助大人们从事这项有意义的事业。每一位少先队员都记得，他曾在同伴们面前宣过誓，要做一名名副其实的祖国的好公民。也就是说，我们的责任就是要竭尽全力，亲手建设共产主义。

数十万棵小栎树、小槭树和小梣树在伏尔加河沿岸立起来了，从草原的这一头一直排到草原的那一头。现在树苗还小，还没长结实，每一棵树苗都面临着许多敌人：害虫、小啮齿动物和干燥的热风。

我校的共青团员和少先队员们决定帮助大人们保护小

树，不让它们受到敌人的侵袭。

我们知道，一只椋鸟一天可以消灭200克的蝗虫。要是这种鸟住在森林带附近的话，它们就会给森林带来很大的好处。我们和乌斯契·库尔郡、普里斯坦等地的少先队员们一起，制作了350个椋鸟房，挂在小树旁。

金花鼠和其他啮齿动物给小树带来很大的危害。我们要和农村的小朋友们一起消灭金花鼠：往鼠洞里灌水，用捕鼠机抓它们。我们要制作一批专门捕捉金花鼠用的捕鼠机。

我们州的集体农庄将补种护田林带中未成活的小树。所以，他们需要大量的种子和树苗。今年夏天，我们将收集1000公斤种子。乌斯契·库尔郡和普里斯坦各学校将开辟苗圃，为护田林带培育栎树、槭树以及其他树苗。我们将和农村的小朋友们一起组织少先队员巡逻队，保护林带，不让它们遭受践踏、损坏和火灾。

当然，所有这些都是我们少先队员应该做的微不足道的事情。不过，如果苏联全国的少先队员和小学生都照我们的样子做，我们就可以给祖国带来很大的益处。

发自萨拉托夫城第63中（男子七年制中学）全体同学

森林里的战争（续四）

以下是我们记者在第四块采伐迹地采访到的新闻。这片森林大约是三十年前被砍光的。

瘦弱的小白桦和小白杨，都死在了健壮的姐姐们的辣手之下。这时，在丛林的下面一层，只剩下枞树还活着。

当枞树在阴影里悄悄生长的时候，高大强壮的白桦树和白杨树继续在上面大饱口福、大打出手。历史又重演了：只要哪棵树长得比旁边的树高一些，成了胜利者，就会残酷无情地扼杀失败者。

失败者干枯了，倒下了。这样，阳光透过树叶帐篷顶上新出现的窟窿，如瀑布般飞泻而下，射入地窖，径直落到小枞树的头上。

小枞树吓了一跳，病了。

得过上一段日子，它们才能习惯阳光呢！

它们渐渐恢复了健康，调换了身上的针叶。这时，它们开始飞快地长高，敌人甚至来不及补好头上的破帐篷。

这些幸运的枞树，最先长到跟高大的白桦、白杨一般高。其他结实多刺的枞树紧随其后，也把长矛似的树梢尖伸到上头来了。

漫不经心的胜利者白杨和白桦这时才发现，它们让多么可怕的敌人住进了自家的地窖里。

我们的记者亲眼见证了这场仇敌之间的惨烈的肉搏战。

刮起了阵阵强劲的秋风。秋风让挤成一团的树木焦躁不安。阔叶树扑向枞树，用长手臂（树枝）拼命地鞭打敌人。

连平时抖抖索索、说话轻声轻气的胆小鬼白杨，也盲目地挥舞起树枝，想跟黑黝黝的枞树干一仗，扭断它们的针叶树枝。

不过白杨是个很差劲的战士。它们毫无弹性，手臂也不粗壮。结实的枞树根本不怕它们。

白桦就是另外一回事了。它们体格健壮，力大无穷，柔韧性又好。即使风不大，它们那富于弹性的、弹簧似的手臂，也会摆动起来。要是白桦摇晃身子，那附近的树都得小心，因为它的拥抱太吓人了！

白桦和枞树展开了贴身战。白桦用柔韧的树枝鞭打枞树，抽断一簇簇的针叶。

只要白桦一扭住枞树的针叶树枝，枞树的针叶就干枯了；只要白桦缠绕住枞树干，枞树的树梢就枯萎了。

枞树能击退白杨，却抵挡不住白桦。枞树本身很坚硬，虽然不容易被折断，却很难弯曲：它们无法用僵硬的针叶树枝缠绕住别的树。

我们的记者没有看到森林里的战争的最终结果。他们必须在这里住上很多年，才能看见战果。所以，他们前去寻找森林里那些已经结束了战争的地方。

我们将在下一期的《森林报》上报道，他们在何处找到了这样的地方。

帮助振兴森林

我们少先队员参加了造林活动。我们收集各种林木种子，上交给集体农庄和护田造林站。我们在校园的附属地块上，开辟了一个小苗木圃，种植了橡树、枫树、山楂树、白桦和榆树。我们自己采集了这些树的种子。

发自少先队员 嘉·斯米尔诺娃

尼·阿尔卡吉耶娃

园林周

我国各个城市和农村，决定每年举办一次园林周。在中部和北部各州，十月初举办；在南方各区，十一月初举办。

在筹备庆祝“十月革命”三十周年的活动时，举办了第一届园林周。当时，新开辟了数千个集体农庄花园。在国营农场、农业机器站、学校、医院等机关的院子里，在公路和街道两旁，在集体农庄庄员、工人和职员的住房附近，新种了几百万棵果树。瞧，少年林业家和少年园艺家为了迎接这个伟大的节日，献给国家一份多么好的礼物啊！

在今年的园林周前，国营苗木场早就准备好了几千万棵苹果树和梨树的树苗，以及大量浆果和观赏性植物的苗木。现在正是开辟新花园的大好时机。

发自列宁格勒塔斯社

集体农庄纪事

在集体农庄里，庄稼收割已进入尾声。现在是农活最忙的时候。把收割下来的第一批最好的粮食，上交给国家。每个集体农庄都争先恐后地把自己的劳动果实交给国家。

庄员们割完黑麦割小麦，割完小麦割大麦，割完大麦割燕麦。等割完燕麦，就要收割荞麦了。

一辆辆大车满载着集体农庄新收获的粮食，从集体农庄驶往火车站。

拖拉机还在田里轰鸣：秋播作物已经种完，现在正在耕地，为明年的春播做准备。

夏季的浆果已经落幕了，可是果园里的苹果、梨和李子才刚刚成熟。树林里蘑菇遍地。在长满苔藓的沼泽地上，蔓越橘红了。农村的孩子们在用棒子打落一串串沉甸甸、红艳艳的花楸果。

带着妻儿老小的公山鹑可倒了霉：最初它们从秋播庄稼地搬到了春播庄稼地；现在又必须飞呀，跑呀，从这块春播庄稼地搬到另一块春播庄稼地里去。

山鹑躲藏在马铃薯地里。谁也不会去那里打扰它们。

不过，现在集体农庄庄员们又到马铃薯地里来挖马铃薯了。出动了马铃薯收割机。孩子们点起篝火，搭起小灶，就在地里烤马铃薯吃。每个人的脸都给烟熏得漆黑一团，看起来怪吓人的。

灰山鹑从马铃薯地里跑出来，飞走了。现在它们的孩子已经长大。允许猎人打它们了。

必须找个藏身觅食的地方。可是，到哪里才安全呢？田里的庄稼都割完了。哦，对了，秋播的黑麦已经长得相当高了。有地方觅食了，有地方逃避猎人的火眼金睛了。

锐眼人的报告

8月26日，我赶着一辆大车运干草。半道上，忽然看到一只大猫头鹰落在一堆干树枝上，它的两只眼睛一直盯着树枝堆。我停住车，感到很奇怪：猫头鹰离我这么近，为什么不飞走呢？我跳下车，走近几步，捡起一根树枝，朝猫头鹰扔去。猫头鹰飞走了。它刚一飞走，几十只小鸟就从干树枝堆底下飞了出来。原来它们藏在那儿，躲过了天敌猫头鹰。

发自森林记者 列·波里苏夫

集体农庄新闻

敌人杂草埋伏在只剩下干巴巴麦茬的田里。杂草的种子伏在地上，细长的根茎藏到地下。它们在等待春天的到来。春天，等地一翻耕完、马铃薯一种上，杂草就疯长起来，开始阻碍马铃薯的生长。

集体农庄庄员们决定欺骗一下杂草。他们把浅耕机开进田里。浅耕机把杂草种子埋到土里，把杂草根茎切成一节节的。

杂草以为春天来了：天气暖和，土又松软。于是它们开始生长。种子发芽了，根茎也发芽了，田地变得绿油油的。

集体农庄庄员们高兴坏了：杂草上当了。等杂草长出来以后，在晚秋再把地耕一遍，把杂草翻个底朝天。这样一来，到了冬天它们非冻死不可。杂草呀杂草，你们再也不能摧残我们的马铃薯了！

虚惊一场

林中的鸟兽非常担忧：一批人来到森林边缘，往地上铺干的植物茎。啊！也许，这是一种新式的捕兽器！林中居民将被杀死！

但这不过是一场虚惊，人们来到这里，完全是出于好意。他们是集体农庄庄员。他们往地上铺上一层薄薄的亚麻，一行行排列得很整齐。亚麻在这里受到雨水和露水的滋润。过后，就很容易取出亚麻茎里的纤维了。

兴旺的家庭

在五一集体农庄，母猪杜什卡生下了26只小猪。在2月里刚刚祝贺过它生了12只小猪。好一个猪丁兴旺的家庭！猪娃娃真多！

公　愤

在黄瓜田里庄员们激起了公愤，大家七嘴八舌：“为什么集体农庄庄员们隔一天来一趟，带走了绿色的小年轻？”“小黄瓜还没长大呢。”“就让它们安安静静地成长吧。”

可是庄员们只留下少数黄瓜当种子，把其余的绿色黄瓜都采走了。绿黄瓜鲜嫩多汁，美味可口。一旦成熟，就不能吃了。

帽子的式样

在林中空地上，在树林的道路两旁，长出了松乳菇和油菇。松林里的松乳菇最漂亮：矮胖结实，颜色鲜红，帽子上镶着一圈圈的花纹。

孩子们说，松乳菇从人这儿偷学了帽子的式样：它们的帽子的确很像草帽。

油菇就不是这么回事了。它们的帽子跟人的帽子完全不同。不要说男人，就是年轻姑娘，即使为了赶时髦，也不会去戴油菇这种黏糊糊的帽子，实在太难受了！

扑了个空

一群蜻蜓飞到光明集体农庄的养蜂场里，想抓蜜蜂吃，结果大失所望。它们感到很奇怪：养蜂场里连一只蜜蜂也没有。原来没有人预先告诉蜻蜓，从7月中旬起，蜜蜂把家搬到了林中盛开帚石南的花丛里。

它们将在那里酿造黄澄澄的帚石南蜂蜜。等帚石南花谢了，再把家搬回来。

发自尼·芭芙洛娃

打 猎

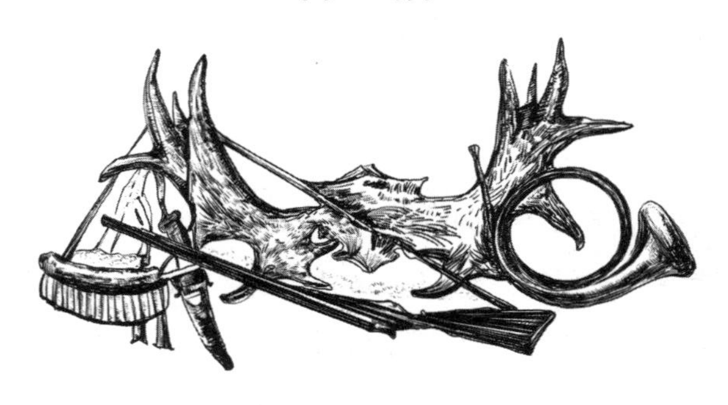

带着猎狗打猎

一个空气清新的8月份的早晨，我和萨索伊其一起去打猎。我的两条西班牙短尾猎狗杰姆和博伊兴奋地叫着，老往我身上跳。萨索伊其的漂亮的长毛大猎狗拉达把两只前脚搭在身材矮小的主人身上，舔了一下他的脸。

“去，你这小淘气！”萨索伊其用袖子擦擦嘴，故作生气地说，“往哪儿去？”

可是这时，三条猎狗已经箭一般离开我们，沿着割过草的草地飞奔起来。健美的拉达迈开矫健的大步疾驰，白中带黑的皮毛在碧绿的灌木丛后忽隐忽现。我的两条短腿猎狗委屈地汪汪直叫，全力追赶，却怎么也追不上。

让它们先练练腿吧！

我们走近一座灌木林。杰姆和博伊听到我的呼哨声跑了回来，在附近来回溜达，嗅着一棵棵灌木和一个个草墩。拉达在前面像只梭子似的蹿来蹿去，一会儿从左边、一会儿又从右边在我们面前闪过。它跑啊，跑啊，忽然站住不动了。

好像它被一根无形的电线触到了，僵立不动，保持着刚才中止奔跑时的姿势：头微微朝左偏，背部有弹性地弯曲着，左前脚抬起，羽毛似的蓬松尾巴笔直地伸着。

不是电线，而是野禽的气味让它停止了奔跑。

“您打吧？”萨索伊其问我。

我摇摇头。我把我的两只小狗唤了回来，吩咐它们躺在我的脚边，免得它们坏了事，把拉达指示的猎物撵跑了。

萨索伊其从容不迫地来到拉达身旁。他站住了，取下肩上的猎枪，扣上扳机。他不急着指挥拉达往前冲。他大

概和我一样，非常欣赏猎狗指示猎物的美丽场景，那个抑制住满腔热情和兴奋的优雅姿势！

“前进！”萨索伊其终于开口了。

拉达一动也不动。

我知道这里有一窝琴鸡。萨索伊其又命令狗前进，拉达刚迈出一步，几只棕红色的大鸟就噗噗地从灌木丛里飞了出来。

“前进，拉达！”萨索伊其又重复了一遍命令，边说边端起枪来。

拉达快速朝前跑，转了半个圈，在另一棵灌木旁，又站住不动了。

那儿藏着什么呢？

萨索伊其又走到它跟前，命令道：

“前进！”

拉达朝灌木丛扑了一下，接着绕着它兜了一圈。

一只个头不大的棕红色鸟悄悄出现在灌木丛后的半空中。它笨拙地、沮丧地拍打着翅膀。它的两条长后腿好像被打断了似的，耷拉在身后。

萨索伊其放下猎枪，恼火地把拉达叫了回来。

原来这是只长脚秧鸡！

这种草地上的野禽，在草丛中发出刺耳的尖叫声，春天时猎人倒挺爱听；可是在打猎的季节，猎人可讨厌它了：它会在草丛里乱窜，让猎狗无法指明方向；它也会从草丛里悄悄溜走，让猎狗白费力气。

不久，我和萨索伊其分了手，约好在林中小湖边见面。

我沿着一条绿草如茵的狭窄溪谷走，溪谷两旁是树木丛生的山丘。咖啡色的杰姆和它的黑白棕三色相间的儿子博伊，跑在我前面。我必须随时准备好开枪，两只眼睛必须一直盯住它俩，因为这种猎狗是不会停下来指明方向的，它们随时会把野禽赶出来。它们往每一丛灌木里钻，一会儿消失在高高的草丛里，一会儿又出现了。它们那螺旋桨似的尾巴，一刻不停，飞快地旋转着，那短短的一截尾巴一直晃来晃去。

的确，不能让这种猎狗长出长尾巴来：假如它有一根长尾巴，噼里啪啦地打在青草和灌木上，该闹出多大的动静啊！而且尾巴上的皮也会被灌木磨破的。因此，当这种猎狗还只有三个星期大的时候，它的尾巴就被割掉了，以后也不会再长了。只留下这么短短的、一把就可以握住的一段。留下这段是为了以防万一：要是它陷在沼泽地里，就可以抓住这段尾巴把它拖出来。我的两只眼睛紧盯着两条猎狗，自己也搞不清楚，怎么同时还能看清四周，看见许多神奇的新事物。

我看到：太阳已经升到树林上空，一缕缕、一圈圈的金黄色阳光在青草和绿叶间跳跃。我看到：蜘蛛网像一根根细银线，在草丛和灌木上闪烁。我看到：松树干奇妙地弯曲着，如同一把巨大的椅子。只有童话里的森林魔王才配坐这么大的椅子。可是，森林魔王又在哪里呢？在座椅的小坑里，积起了一汪水，几只蝴蝶围着它翩翩起舞。

两只猎狗在喝水……我的喉咙也干了。一颗巨大的露珠，像一颗极其珍贵的钻石，在我脚旁的一张带卷边的阔叶绿草上闪闪发光。

我小心地弯下腰，千万别碰洒了呀！我轻轻地采下这片带卷边的阔叶草，草上盛着世界上最纯净的一滴水。这滴水小心翼翼地收藏了朝阳的全部欢乐。

阔叶草毛茸茸、湿漉漉的，刚一碰到嘴唇，清凉的露珠就自动滚落到了干燥的舌尖上。

杰姆忽然吠叫起来："汪，汪，汪汪汪！"那片曾解我之渴的阔叶草立刻被遗忘，飘落到地上。

杰姆汪汪叫着，紧贴着岸边跑。它那螺旋桨似的尾巴，甩得更欢快、更起劲了。

我急忙向溪边跑去，想赶到狗的前头。

可是已经来不及了：一只刚才一直没有被我们发现的鸟，轻轻扑打着翅膀，从枝叶茂盛的赤杨树后面飞了起来。

瞧，在赤杨树后，它一直在往上飞呢，是一只野鸭。

我慌了神，举起枪，顾不上瞄准，就开了一枪，霰弹穿过树叶向它打去。野鸭掉到水里去了。

这一切发生得如此之快，我似乎觉得从未开过枪似的。我只是脑子里想打它，只这么一想，它就掉下来了。

杰姆已经朝猎物游去，把它衔上了岸。杰姆一直把野鸭牢牢地叼在嘴里，野鸭的长脖子耷拉在地上。杰姆顾不得抖落身上的水，就把野鸭递到我手里。

“谢谢你，老朋友！谢谢你，亲爱的！”我弯下腰，抚摸着杰姆。

可是这时，它抖动起身子，水星子直往我脸上溅。

“嗨！不懂礼貌的家伙！走开点！”

杰姆跑开了。

我用两个手指头抓住野鸭的嘴巴尖，把它提起来掂分量。真重啊！鸭的嘴巴没有断掉，可见它经得起全身的重量。也就是说，这只野鸭不是今年刚孵出的新鸭。

我连忙把野鸭挂到弹药袋的背带上。我的两条猎狗，又汪汪叫着朝前跑了。我一边重新装弹药，一边赶紧追上去。

这时，狭窄的溪谷逐渐开阔起来：山丘的斜坡下是一片沼泽，草墩、苔草遍地。

杰姆和博伊在草丛里钻进钻出。它们在那儿看见了什么呢?

立刻，仿佛全世界都浓缩在这片小小的沼泽里了。猎人的心中只有一个愿望，就是想快一点看见狗在草丛里嗅到的是什么东西，什么样的野禽将从草丛里飞出来，可别打不中啊！

我的两条短腿猎狗钻进高高的苔草里，不见了，只有它们的耳朵，像翅膀似的，在苔草上方忽左忽右地晃动。它们在做“侦察跳跃”，希望看清楚近处的猎物。

一只长嘴沙锥噗的一声从草墩上飞起，那声音很像把皮靴从沼泽地里往外拔时发出的声响。它低低地飞着，迅速迂回前进。

瞄准，开枪！可它还在飞。

它转了大半个圈，然后伸直两条腿，落在一个离我不远的草墩下。它站在那儿，把绷紧的长嘴巴支在地上，仿佛放着一把剑似的。

离得这么近，又待着不动，我都不好意思打它了。

这时，杰姆和博伊跑过来了。它们又把它撵了起来。我用左枪筒开了一枪，还是没打中！

哎呀！真丢人！我打了三十年猎，这辈子至少也打过几百只沙锥，可一看见野禽飞起来，还是会紧张。太慌张了。

唉，有什么办法呢！现在我只好去找几只琴鸡了，要不然萨索伊其瞅瞅我打的野禽，会看不起我、嘲笑我的。城里人把沙锥当作最好的野味，一道美味的小菜；农村里的猎人甚至都不承认它是野禽，只是一个小不点。

萨索伊其已经第三次在山后的某个地方开枪了。也许，他已经打到至少五公斤的野味了。

我蹚过小溪，爬上陡峭的斜坡。从高处极目远眺，往西可以看得很远：那里有一大片树木被砍光的空地，再过去是燕麦田。喏！那不是拉达一闪而过吗！喏！那不是萨索伊其本人吗！

啊哈！拉达站住了！

萨索伊其靠近它。瞧！他开枪了：砰！砰……双管齐发。

他走过去捡起猎物。

我也不该傻看着了。

两只猎狗跑到密林里去了。我定下这么条规矩：

只要猎狗进了密林，我就沿着林中被砍去树木的空地走。

林中空地宽得很，在鸟儿飞过它之前，肯定来得及开枪。只要狗把它往这边赶就行了。

博伊汪汪地叫起来，杰姆也跟着叫了起来。我急忙朝前走。

现在我已经超过猎狗了。它们在那儿瞎忙些什么呢？那儿肯定藏着一只琴鸡。我了解琴鸡的习惯：自己飞到高处去，引诱猎狗往前跑。

特啦，嗒，嗒，嗒，嗒，嗒！果不其然：琴鸡冲了出来，浑身乌黑，黑得像块焦炭。它沿着空地疾飞而去。

我双管齐发，开了一枪。

它拐了个弯，消失在高大的树林后面了。

难道我又打偏了吗？不可能呀！我似乎瞄得挺准的……

我打了个呼哨，把两条狗叫到身边，走进了琴鸡消失的树林。我自己找，两条猎狗也找，可哪儿也没找着。

哎！多么令人懊恼……今天真是个不顺的日子！而且没什么可抱怨的：猎枪是最好的，子弹是亲手装的。

我再试试看，也许到了湖面上，能走运点。

我又回到空地上。我知道，离此地不远，大约半公里地，有个小湖。这时，我的情绪低落，两条猎狗也不知道跑到哪里去了，怎么叫也叫不回来。

嘿，管它们呢！我一个人去得了。

可这一刻，博伊不知从哪儿冒了出来。

“你到哪儿去了？你以为你是猎人，我倒成了你的助手，只管替你放放枪？那好吧，你把枪拿去，自己放！怎么着？不会放吗？喂！你干吗四脚朝天躺在地上？是在道歉呀！好好想一想，往后得听话点儿。总之，你们这些短腿猎狗都是些蠢货。长毛大猎狗可不像你们，它们会指明猎物。

“要是有拉达指引，打猎就简单多了，我也会百发百中。飞禽在拉达面前，仿佛被绳子拴住了似的。打中它又有什么难度呢？！”

这时，银色的湖面在前面的树干后面闪烁。我这颗猎人的心又充满了新的希望。

湖边长满芦苇。博伊扑通一声跳下水，游了起来，高高的绿色芦苇被它碰得左右摇晃。

博伊叫了一声，马上就有一只野鸭从芦苇丛里飞出，嘎嘎地叫着。

我的子弹在湖中心上空追上了野鸭。它长长的脖子一下子垂了下来。野鸭啪嗒一声掉进水里，肚皮朝天地躺在水上，两只红脚掌在空中抽搐地乱蹬。

博伊朝它游去。它张开嘴想咬住野鸭。可是野鸭突然钻进水里，没了踪影。

博伊疑惑不解：野鸭钻哪儿去啦？博伊在原地转着圈圈，可是野鸭没有出现。

忽然博伊也消失在水里。怎么回事？它让什么东西钩住了吗？沉到湖底了吧？怎么办？

野鸭浮到水面上，慢慢地向湖边游过来。它游的姿势很特别：侧着身子，头浸在水里。

噢！原来是博伊衔着它呢！博伊的头被野鸭遮住了，所以看不见。真是太棒了！它竟然潜入水底，把猎物叼回来了。

“打得真不错！”响起了萨索伊其的声音。他悄悄地从我身后走了过来。

博伊游到草墩旁，爬上岸，放下野鸭，抖了抖身子。

“博伊，真不像话！马上叼起来，送到我这儿来！”

真不听话，它对我的喊声无动于衷！

这时，杰姆不知从哪儿跑了过来。它游到草墩旁，气呼呼地对儿子呵斥了一声，然后衔起野鸭送到了我这儿。

它抖了抖身子，飞奔进灌木丛，送给我一个意外的惊喜！它从灌木丛里叼出来一只死琴鸡。

难怪老朋友这么长时间不见了踪影，原来它是在树林里找琴鸡呀！也许它追上了那只被我打伤的琴鸡，又一路拖着它跟在我后面跑了半公里路。

有这么两条忠实的狗，在萨索伊其面前，我是多么地自豪啊！

真是一条忠诚的老狗！你诚恳勤勉地为我服务了十一年。可是，狗的生命是短暂的，也许这是你最后一个夏天跟我出来打猎了吧！以后，我还能找到像你这样的朋友吗？

我坐在篝火旁，一边喝茶，一边不由自主地这么想。身材矮小的萨索伊其动作麻利地把猎物挂到白桦树枝上：两只小琴鸡和两只沉甸甸的小松鸡。

三条狗蹲在我身旁，贪婪地盯住我的一举一动，心想：会不会分给它们一小块吃吃呢？

当然要分给它们吃的：三条狗都干得挺棒，真是好样的！

时间已到中午。天空高远湛蓝，白杨树叶在头上轻轻摇摆，窃窃私语。

这会儿是多么惬意啊！

萨索伊其坐下来，心不在焉地卷着纸烟。他陷入了沉思。

太好了！看样子，我马上可以听到他打猎生涯中的另一桩趣事了。

现在正是热火朝天地打新出巢的鸟的时候。为了捕获小心谨慎的小鸟，每个猎人都费尽了心机。不过，假如他不预先了解野禽的生活习性，单凭心机成不了事。

打野鸭

猎人们早就发现：一等到小野鸭会飞，野鸭们就会成群结队地飞行。一昼夜飞两回，从一个地方飞到另一个地方。白天，它们躲进茂密的芦苇丛里睡觉和休息。太阳一下山，它们就从芦苇丛里飞出来，飞走了。

猎人已经在守候着。他知道它们会飞到田里来，所以在等候着它们。他站在岸边的灌木丛里，面朝着水，遥望着落日。

在夕阳西沉的地方，天空被染得一片通红。艳丽的晚霞映衬出野鸭黑色的剪影。它们径直朝猎人飞过来了。猎人很容易瞄准。他从灌木丛后出其不意地对准野鸭开枪，可以射中好几只。

他一直打到天黑。

夜里，野鸭在麦田里觅食。

早上，它们飞回到芦苇丛里。

隐形猎人在野鸭的必经之路上等候着。现在他脸朝东方，背对着水站在那儿。

一群群的野鸭，又径直冲着他的枪口飞过来了。

好助手

一窝小琴鸡在林中空地上觅食。它们尽可能挨着林边溜达，万一发生什么意外，可以立刻逃到林子里。

它们在啄浆果吃。

一只小琴鸡听见草丛里传来沙沙的脚步声，抬头一看，只见草丛上方挂着张可怕的兽脸，厚厚的嘴唇耷拉着，颤动着，一双贪婪的眼睛死死盯住匍匐在地的小琴鸡。

小琴鸡缩成富有弹性的一团，一双小眼睛瞪着兽脸上那双大眼睛，等待着，看接下来会发生什么事。只要那畜生动一动，小琴鸡就会张开强有力的翅膀，把身子往旁边一闪，飞向天空。有本事，就跟到空中来抓吧！

这一瞬间显得特别漫长。那张兽脸一直悬挂在蜷缩着的小琴鸡上方。小琴鸡没敢飞起来。那畜生也没敢动一动。

突然传来一声命令："前进！"

那畜生扑了过来。小琴鸡如离弦之箭噗噗地飞了起来，向救命的森林逃去。

砰的一声，火光一闪，一阵硝烟从森林里冒了出来。

小琴鸡一个倒栽葱摔到了地上。

猎人捡起小琴鸡，又嘱咐猎狗往前走。

“轻一点！仔细找，拉达，仔细找……”

白杨树上

高大的枞树林黑乎乎的。

万籁俱寂。

太阳刚刚落到森林后。猎人慢慢地走在沉默无语的、笔直的树干间。

前面一阵喧哗，好像一阵风出其不意地刮进了绿叶丛，前方是白杨树林。

猎人停住脚步。

又是一片寂静。

听，仿佛有稀稀落落的大雨滴，落在树叶上。

噗托，噗托！吧嗒，吧嗒，吧嗒……

猎人轻手轻脚地往前走。已经接近白杨树林了。

噗托，吧嗒，吧嗒，吧嗒……声音又停止了。

隔着茂密的树叶，猎人什么也看不见。

猎人站住了，一动不动。

看谁更有耐心：是躲在白杨树上的那位，还是带着枪、藏在树下的这位？

长久的沉默。静得可怕。

声音又响起来了：

噗托，吧嗒，吧嗒……

啊哈，这下子你可把自己暴露了。

一个黑影蹲在树枝上，正用嘴吧嗒吧嗒地啄着白杨树叶的细叶柄。

猎人仔细瞄准，开了一枪。于是那只粗心大意的小松鸡，重重地摔了下来。

这是一场公平的竞争。鸟儿藏得好，猎人悄悄走近。

谁先发现对方?

谁更有耐心?

谁的眼睛更尖?

还有一种不公平的竞争

猎人沿着小径，悄悄地在茂密的枞树林中行走。

“噗啦啦，噗啦啦！噗啦啦！”

八九只琴鸡从脚跟前飞起，有整整一窝呢!

猎人还来不及举起枪，琴鸡就已经散落到茂密的枞树枝上了。

最好不要去找它们，这是白费力气。反正也看不清楚它们落在哪里，把眼睛睁得再大，也看不清。

猎人躲到小径旁的一棵小枞树后。

他从衣袋里拿出一支短笛，吹了一下，然后坐到一个小树墩上，给枪上膛。他把短笛又送到唇边。

一场好戏开演了。

小琴鸡在树叶丛里藏得很严实。在琴鸡妈妈发出“可以啦”的信号前，它们一动都不敢动，也不敢扑一下翅膀。琴鸡各自待在树枝上。

“哔克！哔克！哔克，特儿！”

这就是信号，意思是：可以啦……

“哔克！特儿……”

这是琴鸡妈妈在自信地说：

“可以啦！可以啦！飞到这儿来吧！”

一只小琴鸡悄无声息地从树上溜到地上。它在倾听：妈妈的声音是从哪儿传来的呀？

“哔克！特儿，特儿！”意思是：“在这里呢，来吧！来吧！”

小琴鸡跑到小径上来了。

“哔克！特儿！”

瞧，在那里呢！妈妈就坐在小枞树后面，在树墩那儿。

小琴鸡沿着小径拼命跑，径直朝猎人跑过来了。

猎人开了一枪，又吹起了短笛。

短笛吹出了琴鸡妈妈的细声呼唤：

“哔克，哔克，哔克，特儿！”

又有一只小琴鸡上当，乖乖地跑来送死了。

发自本报特派记者

打靶场

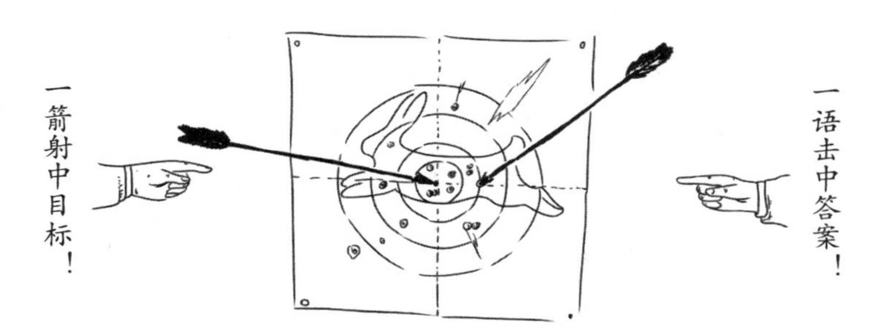

第六场比赛

1. 一条鱼儿在水里游，它的重量是多少？

2. 蜘蛛埋伏在一旁，怎么知道猎物落网了？

3. 哪几种野兽会飞？

4. 如果白天看到了猫头鹰，小鸟们会怎么做？

5. 剪刀随身带，像个裁缝；猪鬃不离手，像个鞋匠。（谜语）

6. 蜘蛛什么时候飞？怎样飞？

7. 哪一种昆虫（成虫）没有嘴巴？

8. 为什么雨燕和家燕在晴天飞得很高，在潮湿的天气里却飞得很低？

9. 为什么家鸡在下雨前用嘴梳理羽毛？

10. 如何通过观察蚂蚁巢知道天快要下雨了？

11. 蜻蜓以什么为食？

12. 哪一种可怕的野兽爱吃树莓？

13. 夏天什么地方是观察鸟类的最佳处？

14. 我们这里最大的啄木鸟是什么颜色的？

15. “鬼喷烟”是怎么回事？

16. 小小身体，分作三处：躯体在院子里，头在餐桌上，脚还在田里。（谜语）

17. 穿着它的皮，丢了它的肉，吃下它的头。（谜语）

18. 身穿黑衣，脾气暴躁，碰它它就咬；换上红袄，立刻变乖，惹它也不动。（谜语）

19. 一个庄稼汉，身穿金蓑衣，腰束金丝带；躺在地上起不来，等着人来抬。（谜语）

20. 我在远方，默默地跟你讲话。（谜语）

21. 没人惊吓它，它却直打战。（谜语）

22. 哪种草，盲人也能认出它？

23. 什么东西长得像庄稼，却不能拿来吃？

24. 瞪大眼睛蹲着，但不会讲话；生在水里，长在岸上。（谜语）

通　告

第五场锐眼竞赛

寻鸟启示

椋鸟到哪儿去了？白天，偶尔还能在田野和草地上见到它们。可是一到晚上，它们到哪儿去了呢？小椋鸟刚一学会飞，就丢下巢飞走了，再也没回来。

发自森林报编辑部

代问读者好

我们来自北冰洋沿岸和各个岛屿，海狮、海象、格陵兰海豹、白熊和鲸托我们向读者朋友问好。

我们还接受委托，转达读者朋友对非洲狮子、鳄鱼、河马、斑马、鸵鸟、长颈鹿和鲨鱼的问候。

飞自北方的过客：沙锥、野鸭和海鸥

谁的影子？

请指出图1至图4中，哪一只是雨燕？哪一只是家燕？

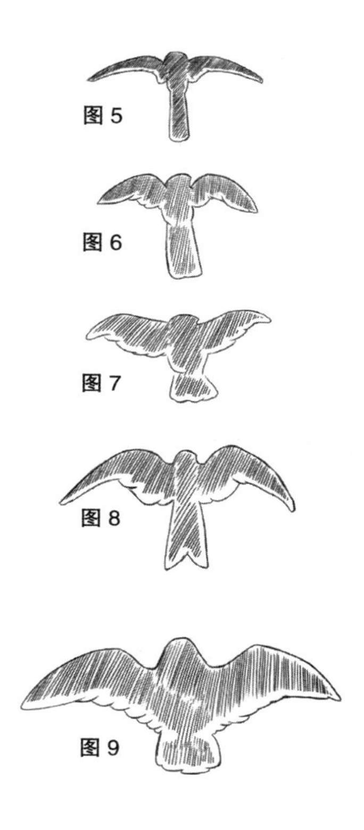

假如你坐在一片开阔的地方：田野、山岗或者河边的陡坡上，太阳高高地挂在空中。不时有猛禽从你头顶上空飞过，它们的影子在你面前的地面上、沙滩上或者水面上慢慢浮过，或飞快掠过。

如果你的眼睛够尖、够老练，你不用抬头，只要看一看在地面上掠过的猛禽的全影或侧影，就可以辨别出是哪一种猛禽。

这是一个飞速掠过的、淡淡的影子。翅膀窄窄的像把镰刀，尾巴长长的，尾巴尖圆圆的（图5）。请问这是只什么鸟？

从影子上看，这只鸟的大小和图5的差不多，只是更宽一些，翅膀厚厚的，尾巴直直的（图6）。请问这是只什么鸟？

这只鸟的影子更大，翅膀更宽，尾巴像扇子，尾巴尖圆圆的（图7）。请问这是只什么鸟？

这只鸟的影子也很大，翅膀弯曲得厉害，尾巴尖上有个凹陷的缺口（图8）。请问这是只什么鸟？

这只鸟的影子更大，翅膀呈三角形，翅膀尖上好像被剪去了一块，尾巴尖呈直角型（图9）。请问这是只什么鸟？

这只鸟的影子非常大，翅膀硕大，翅膀尖像张开的五指，头和尾巴都很短小（图10）。请问这是只什么鸟？

图 10

请说一说，这里画着哪几种蘑菇。

哥伦布
俱乐部

第六个月

真是件怪事：哥伦布们本指望新大陆与旧大陆有某些相似之处，“未知之地”却越来越显得神奇和神秘。布谷鸟的想法给少年自然科学家打开了一片全新的、未知的天地。行动迟缓的巴甫洛沙至今还没有去取神秘的“阿来树”的树叶，因此这位来自遥远国度的移民依旧是未知的。米露琪卡、尼古拉和希格利特掉下去的那个地下通道，仍然是个谜：谁、什么时候、为什么挖了这条地下通道？最近几天，猎人尼古拉和弗拉基米尔带回来一些小鸟，无论如何都不能把它们归入“未知之地”的土著居民。

从打猎一开始，尼古拉和弗拉基米尔就在普拉瓦湖边用芦苇和树枝搭了两只小窝棚。尼古拉在湖岸的这一边，弗拉基米尔在湖岸的那一边。从黎明到午饭前，是第一次“上套”——诺甫戈罗德人如此称呼这一时间段。少年自然科学家拿着枪和望远镜，守候在窝棚里。尼古拉还经常去第二次“上套”——从午饭后一直到太阳下山。躲避着鸟儿机警的眼睛，猎人们观察到许多有趣的事。

通常，在林中过夜的灰鹭第一个出现在湖岸上。它缓慢地拍打着圆圆的、似乎是用破布做成的翅膀，慢慢往下飞，放下笔直的长腿，最终不慌不忙地着陆了。它紧贴着岸边踱来踱去，在潮湿的沙地上留下三只脚趾的大爪印。灰鹭仔细观察着岸边的浅水区，眨眼间，它的如短剑般的尖嘴闪电般地刺向心不在焉的青蛙，并把长长的脖子伸向天空，似乎是在感谢老天爷馈赠的美味。于是，青蛙的小腿痉挛地剧烈抽动着，消失在这只背有点驼的大鸟的血盆大口中。灰鹭迈着安详均匀的脚步，继续沿着岸边往前走。不止一次出现这样的情形，它离躲在窝棚里的猎人近极了，他用沉默的枪柄就可击到它。

小水鸭、高大笨重的绿头鸭，蓝翅宽嘴、体型匀称的赤颈鸭纷纷飞过来，缓缓降落，翅膀上泛着镜子般的湖面的碧绿的光。短尾巴的长脚秧鸡从一丛芦苇走到另一丛芦苇。鸢在高空缓慢地飞过，注视着岸上的死蛙或水中白肚皮朝上的死鱼。少年自然科学家手中的枪一直沉默着。

但是，在湖面上空，出现了一群快速飞翔的鹬，夏天它们从未在这里出现过。它们四散在岸边，细长腿一闪一闪的。这时，从窝棚里立刻喷出火光。轰的一声枪响，飞往遥远越冬地的旅行者突然在沙滩上结束了旅程。

鹬成群结队地从新开垦的土地上，从阿尔汉格尔斯克、科拉冻原带飞往热带非洲。现在，几乎每一天，少年自然科学家猎人都会带回一些此地夏天从未见过的鸟：长嘴小滨鹬、黑腹滨鹬、弯嘴滨鹬和沙滨鹬。有一次，尼古拉从窝棚里看见了一只鸟，他甚至在图画册上都从未见过。这是只彩色的鸟，穿着黑色的胸甲，腿不长，嘴也不长。它察看着伏在水中的每一株干树枝、每一丛芦苇，又迈着碎步往前走了。在附近没有看见类似的鸟，只有它孤零零的一只。

尼古拉射中了这只鸟，当他把它带回住处时，塔金惊叹道：

“要知道，这是翻石鹬！这是海边一带的鸟。它怎么会出现在这里，出现在大陆的腹地？这是最最有意思的猎物，简直是个小发现！”

告别小村庄之前，全体俱乐部成员准备到湖中小岛去一趟。多拉给大家带来很大的不安：一大早，她谁也没告诉，就去了某个地方，结果午饭时没回来，晚饭时也没回来，大家都想到森林里去找她了：说不定掉进了地下通道？但这时她却回来了。她只说，她和米涅耶夫村的女孩们在一起，却拒绝回答，在那里看见了什么。

第二天一大早，气压就下降了。但天刚蒙蒙亮，哥伦布们就向湖边进发了。

集合完毕后，他们飞快地穿过树林，在别列佐夫村从渔民那里借了一艘小船和两只划子。船在移动。小船是最主要的交通工具，尼古拉和弗拉基米尔划着划子伴随在左右。划子是诺甫戈罗德州的各个湖上从石器时代保存下来的最原始的船。把两根凿出长槽的白杨树干，用小木板连接起来，就做成了划子。划子不易转向，划得很慢：在石器时代人们悠闲着呢。然而，划子的稳定性很强：人们可以从上面捕鱼，也可以跳进水中，划子都不会翻过来。

在前面引领整个船队的，是新认识的小伙伴万尼亚，他也划着划子。他是个长得胖胖的、模样滑稽的小集体农庄庄员，明年春天就要上六年级了。他非常熟悉普拉瓦湖，知道在哪里可以捕到什么样的鱼。他骄傲地把自己的湖指给城里人看，他很高兴，哥伦布们称他为“本地老村民”。

不久，船队停靠在无人岛岸边。哥伦布们上了岸，仔细考察了小岛。这花费了一些时间：小岛长400步，最宽处250步。正如万尼亚所说的，在岛上有整整一群黑琴鸡。他们成功地射落了三只，用来当午饭。让树木学家啧啧称奇的是，这里长着巨大的松树。急性子的多拉坚称，它们与美洲高大的红杉树长得一模一样。

在这里，在无人岛上，哥伦布们立刻感到自己变成了当地的土著居民——印第安人。男孩们把琴鸡的羽毛插在头上，变成了酋长；女孩们则变成了黑皮肤的巫女，这对她们来说毫不费力，一个夏天下来，她们都晒得黑不溜秋的。大家飞快地搭起一座尖顶小窝棚——印第安人的树皮帐篷式小屋，以便进去躲雨：天开始变阴了。

万尼亚像个经验丰富的老渔民，指导大家钓鱼：教酋长们把诱饵装到鱼钩上，指出钓鱼线上的鱼漂该甩到离鱼钩多远的地方。

弗拉基米尔不想钓鱼，他轻声哼唱着自己作词的歌曲，刚好能让勤勉的渔夫们听见：

一月，二月，三月，四月，
一群人钓起一个大傻瓜！

他跑开了，想去弄清楚，岛上有哪些动物。

他还没走出一百步远，就看见地上有新鲜的、从水中冒出来的陌生野兽的脚印。湖里有很多水鼠，但这不可能是水鼠的脚印，太大了；如果是水貂的话，脚印又太小了。

脚印通向小岛上草木茂盛的一角。为了不惊动野兽，弗拉基米尔轻手轻脚地顺着古怪的脚印走。在岛的边缘，他脚下的泥土开始微微松动起来。

“可千万别掉进沼泽地里！”弗拉基米尔想。

可是，他刚刚走了几步，草丛中就有什么东西在沙沙作响，立刻传来溅水声：一只棕色的野兽嗖的一声从草丛里钻入水中。弗拉基米尔没来得及看清它的模样，甚至也没搞明白，它长得有多高。他又朝前迈了一步，看到岸边的草地里，有个一米见方的小平台，即所谓的“饲料小桌”，上面放着捣碎的、只吃了一半的水草茎。很明显，这是某个啮齿动物在吃饭呢。根据它吃剩的食物判断，它的个头还不小，有旱獭那么高……

弗拉基米尔心想：

“我们这儿还没有这么高大的水上啮齿动物呢。这到底会是谁呢？不会是海狸吧！”

他冥思苦想着。突然袭来的乌云下，猛地刮起一阵不同寻常的大风，他这才清醒过来。冷不丁，他感到脚下的泥块像筏子似的轻轻摆动起来。他抬起头，只见岛上的大树像纤细的芦苇一样，被风吹弯了腰。旋风飞转着，沙尘和折断的树枝朝他迎面扑来。他站立的那块泥土的末端，已经脱离了小岛，跟小岛间的距离越拉越大。

“龙卷风！”弗拉基米尔明白过来，便想往岸上扑。可是他被一株矮灌木绊倒了，跪了下来。

弗拉基米尔并不是个胆小的人，可这时也不禁惊呼起来。他不会游泳，而湖的深度，用万尼亚的话来说，“岸边像屋顶那么深，再往里，深不见底；一句话，是真正的深渊！”奇怪的是，他脚下那块带草的泥土，像神话中的飞毯似的，并没有沉入水中，只不过在他身体的重压下，微微摆动着。

“天哪！”弗拉基米尔突然想起来了，“这就是漂浮植物层啊！”

弗拉基米尔早就听当地集体农庄的庄员说过，这个湖中的植物会耍阴谋诡计，看起来像是小岛的一部分，实际上植物的根并没有扎入土中。当风把它们吹离小岛的时候，土块就自由自在地在湖面漂浮。植物的根没有与岛上的泥土融为一体，固定下来，成为沼泽地。当时这个话题使哥伦布们很感兴趣。庄员们还说，有一次，一对苇莺把巢筑在了岬角上，而岬角突然就漂走了，在湖里来回漂荡。

把漂浮植物层吹离小岛的强烈的风——旋风平息了。被旋风搅动的湖面翻腾起来。漂浮植物层越晃越厉害了。它慢慢地沿着小岛漂流，离岸越来越远。弗拉基米尔一动也不敢动，更不敢站起来：在他的重压之下，他脚下那块不结实的土块随时可能破裂，那可就……由于害怕，各种荒谬的念头涌入他的脑海。他想：“瞧，哥伦布来到了漂浮的美洲！唉，要是能像苇莺那样飞，或者像鱼儿那样游水就好了……今年秋天，我一定要去游泳池学游泳。”弗拉基米尔下定了决心。这么想着，他似乎感到轻松了些。

但是他的奇遇还未到此结束：他突然看见，一只毛发飘飘的脑袋瓜冲破了湖面的波浪。这块小波浪飞快地朝漂浮的植物层靠近，一只湿漉漉的……真正的美洲野兽爬上了“饲料小桌”！弗拉基米尔立刻认出来，这是一只比我们这儿的水鼠大得多的美洲水鼠——麝鼠。

“这真是项奇妙的发现！”弗拉基米尔想，“在俄罗斯的腹地，在从未饲养过麝鼠的湖上，竟然遇到了这只美洲野兽！本地村民了解这个情况吗？”

弗拉基米尔一高兴，全然忘记了自己的处境，飞快地站起来，朝前迈了一步，一只脚立刻沉入水中，水没过了膝盖。

“嗐，原来在漂浮植物层上！”冷不防，从岛上传来欢快的声音，“到哪里去过了？带上我们吧！欢迎你，航海家！从哪儿搞到了这块漂浮的泥块？带来了什么动物？”

原来，弗拉基米尔所乘的绿色筏子，缓慢地沿着小岛漂荡，已经绕过岬角，现在正漂过钓鱼人的身旁。万尼亚、安德烈、廖列琪和巴甫洛沙分散地坐在岸边，旁边还站着米露琪卡。

弗拉基米尔立刻就不害怕了。他悄悄地从水中抽回脚，为了向这些当代鲁滨孙们隐瞒刚才的胆怯，他双手叉着腰，嘲讽地回答道：

“啊哈，眼红了？！我发现的不是普通的美洲，而是漂浮的美洲！还跟美洲居民待在一起。你们看见了吗？”

伙伴们刚一开口说话，麝鼠就从漂浮的植物层上扑通一声跳入水中，消失不见了。但钓鱼人还是看见了它。

小船就在旁边。安德烈和廖列琪跳进船里，划到漂浮的植物层旁，把弗拉基米尔接到船上。救援来得正是时候：弗拉基米尔的脚已越来越深地陷入草毯中，毯子眼看就要破裂了。

迫不得已的航海家顺利上了岸，漂浮的美洲又与小岛连在了一起：乌云已经散了，疯狂的旋风也已过去。湖面很快平静下来。哥伦布们仔细研究漂浮的植物层。游泳高手安德烈甚至脱掉衣服，潜入水中，从水下对它进行了详细观察。

不久，太阳重新露出了笑脸。大家情绪高涨，兴高采烈地度过了在小岛上的一天。他们授予大英雄——漂浮美洲上的哥伦布“经验丰富的老水手”的光荣称号。

姑娘们请求斯拉维米尔写一首有关勇敢的老水手的诗。但诗人拒绝了，他说：

“我不写冒险的诗，但有关漂浮的植物层，我已经作了一首押韵的小诗。”

出发前，姑娘们一定要走遍“未知之地”的角角落落，最后一次欣赏湖景，看看平静光滑的湖面，向幽暗的原始森林、空旷的田野致敬，奔跑着向奔淌的河水告别。

她们不得不一次又一次地向村里的女伴们发誓，永远、永远不会忘记她们，一定常常给她们写信。她们也从村里的女伴们那里得到了同样的誓言。

当地人把树下踩出的空地称为“炽热的田野”。在这块“炽热的田野”上举办的告别舞会是多么成功啊！在集体农庄老爷爷的手风琴伴奏下，村里的年轻人跳起了古老的舞蹈。老爷爷拉起了华尔兹舞曲《在满洲里的山丘上》、四步舞曲、西班牙舞曲和波尔卡舞曲。

在送哥伦布们回家的路上，和着手风琴，村民们唱起了诺甫戈罗德地区滑稽的四句头歌谣，歌词是布雷老爷爷现填的告别词：

我们喜欢哥伦布们，
打心眼里喜欢。
夏天再到这里来，
用馅饼款待你们！

斯拉维米尔没让他等多久，立刻回唱道：

永远、永远忘不了
通往乡村的小路。
即使忘了，也找得到
娄苏瓦村的方位。

打靶场答案

请检查你的答案有没有击中目标

第四场比赛

1．从6月21日开始，这是一年中白天最长的一天。

2．刺鱼。

3．小老鼠。

4．生活在沙岸上的海鸥和沙锥。

5．与沙子和鹅卵石相近的颜色。

6．后脚。

7．一共有五根刺：三根长在脊背上，两根长在腹部。我们这里还有九根刺的刺鱼。

8．家燕巢的入口在顶部，金腰燕巢的入口在侧面。

9．要是有人用手碰过鸟巢里的蛋，鸟儿就会放弃这个巢。

10．有。

11．翠鸟。

12．因为这些鸟会把筑巢的那棵树上的青苔，涂抹在巢外面，把鸟巢伪装起来。

13．并非全部如此。有许多鸟，如燕雀、金翅雀、篱莺等，孵两次雏鸟；还有一些鸟，如麻雀、黄鹀等，一个夏天甚至孵三次鸟。

14．有的。在长着青苔的沼泽里，有一种叫毛毡苔的植物。假如有蚊子、飞蛾和其他小昆虫落到它那黏糊糊的圆叶上，就会被它抓住吃掉。在江河湖泊里，长着一种狸藻，要是有小虾、小虫和小鱼钻进它的捕虫囊，也会被它抓牢。

15．银色水蜘蛛。

16．布谷鸟。

17．乌云。

18．割草：割下青草，垒起草垛。

19．沉甸甸的麦穗。

20．青蛙。

21．影子。

22．山羊。

23．回声。

24．刺猬。

第五场比赛

1．雏鸟破壳而出之前，嘴巴上面长着一小块硬疙瘩，雏鸟用它来啄破蛋壳。这个小疙瘩叫作“啄壳齿”。雏鸟出壳后，这个硬疙瘩就自行脱落了。

2．有尾巴的牛更能吃饱。因为牛吃草的时候，用尾巴赶走缠绕它、叮咬它的虫子。没有尾巴的牛无法赶走牛虻和牛蝇，只得不停地摇头晃脑，或者从一个地方转移到另一个地方，所以它吃草就吃得少了。

3．因为这种蜘蛛的腿很容易折断。腿断掉后，它走路的样子就像在割草。

4．夏天，因为这时到处可见软弱无助的雏鸟和小兽。

5．鸟类。

6．许多昆虫都这样，例如蝴蝶：先产卵，由卵变成幼虫，再由幼虫变成蛹，最后由蛹化成蝶。

7．因为鹅的羽毛上覆盖着一层油脂，所以水不会沾湿羽毛，而是一滴滴地从鹅背上流下来。

8．因为狗没有汗腺，而马有汗腺。狗吐舌头，是为了让身体凉快些。

9．布谷鸟的雏鸟。布谷鸟把蛋偷偷塞到别的鸟巢里，让别的鸟替它孵育孩子。

10．蚁鸳。

11．小白嘴鸦的嘴巴，跟乌鸦的嘴巴一样，是黑色的；老白嘴鸦的嘴巴，是暗白色的。

12．刺鱼。

13．蜜蜂蛰过人之后，就死掉了。

14．吃蝙蝠妈妈的奶。

15．朝向太阳，也就是正对南方。

16．雷和闪电。

17．早上，亚麻开淡蓝色的小花，到中午，花儿就闭上了。

18．红色蘑菇——变形牛肝菌。

19．野蔷薇的浆果。

20．蝰蛇。

21．露水。

22．蚂蚁。

23．蜗牛。

24．野蔷薇，蔷薇。

第六场比赛

1．鱼的重量，等于它身体所排去的水的重量。

2．蜘蛛埋伏在一旁，用一只爪紧紧钩住一根绷紧的蜘蛛丝，丝的另一端固定在蜘蛛网上。苍蝇一落到网上，蜘蛛网就会抖动起来，那根细丝也就会扯动蜘蛛的脚，于是它便知道有猎物落网了。

3．蝙蝠。还有飞鼠也能飞几十米远。它是我们林子里的一种松鼠，脚趾间长着厚厚的膜。

4．它们会成群结队，高叫着冲向猫头鹰，直到把它撵跑为止。

5．虾。

6．在万里无云的秋日，风吹起蜘蛛丝，同时把幼小的蜘蛛带到空中，一起飞行。

7．蜉蝣。

8．燕子一边飞，一边捕食小蝇、蚊子和其他长着翅膀的昆虫。天气晴朗的话，空气干燥，这些小虫飞得很高；天气潮湿的话，空气湿度大，它们就飞不高了。

9．家鸡预感到天要下雨了，便把尾骨腺体分泌的油脂涂到羽毛上。这一腺体在鸡的尾部。

10．下雨前，蚂蚁躲到蚂蚁洞里，堵住所有的出入口。

11．以各种昆虫为食，如苍蝇、蜉蝣和水蛾。

12．熊。

13．在稀泥和淤泥上，或在河岸、湖畔和池塘边。因为鸟儿纷纷飞到这里，留下了清晰可辨的足迹。

14．通体黑色，只有头上的冠毛是红色的。

15．马勃菌的芽孢。成熟的马勃菌，只要被轻轻一碰，就会爆裂，喷出一团粉雾，所以被叫作“鬼喷烟”。

16．麦穗。麦秸放在院子里，由麦粉做成的面包摆在餐桌上，麦根还留在田里。

17．大麻。用大麻皮搓绳子，扔掉茎秆。头就是大麻籽，可以榨油。

18．虾。

19．一捆捆稻谷。

20．回声。

21．白杨。

22．荨麻。

23．矢车菊。

24．青蛙。

锐眼竞赛答案

第三场测验

图1：啄木鸟的洞。请注意，有一大堆好像刚锯出来的木屑，堆在洞下面的地上。这是啄木鸟用嘴巴凿树洞、给自己建住房时弄出来的。树干上非常干净，一点儿也没被搞脏。啄木鸟是非常爱干净的鸟，它把自己的雏鸟也收拾得干净整洁。

图2：椋鸟在这个树洞里孵出了小鸟。树下没有看见新鲜的木屑，树干上沾满了熟石灰似的鸟屎。

图3：鼹鼠洞。鼹鼠住在地下，夏天会爬到贴近地面的地方，把泥土扒松，堆成小土堆，自己却躲在里面不出来。

图4：这是灰沙燕的地盘。它们在砂岩上挖洞筑巢。很多人以为，这是雨燕的洞，但是雨燕从不在这样的洞里筑巢。它们通常住在顶楼里、钟楼上、大树的树洞里、岩

石上和椋鸟巢里。

图5：松鼠洞。它由树枝搭建而成，圆圆的，里面铺着青苔，有的青苔露在外面。根据青苔，你马上可以辨别出，这不是鸟巢。

图6：獾挖的洞，却是狐狸住在里面。一看便知，这是个经验丰富的挖土工挖的洞，有好几个出入口，但没有一个倒塌的。可是在入口处却胡乱丢放着家鸡和琴鸡的羽毛和骨头，以及被啃过的兔子的脊梁骨。显然，这是不爱干净的食肉兽——狐狸吃剩的东西。

图7：这也是獾挖的洞，现在它自己住在里面。獾是有洁癖的野兽。在它住的地方，你找不到一丁点儿它吃剩的残余物。獾比较爱吃软体动物、青蛙和鲜嫩的植物根。

第四场测验

图1：小鹡鸰

图2：琴鸡妈妈

图3：小野鸭

图4：小琴鸡

图5：红脚隼爸爸

图6：小燕雀

图7：燕雀爸爸

图8：小红脚隼

图9：野鸭爸爸

图10：鹇鹛妈妈

请检查一下，你正确地排列出雏鸟和它们的爸爸妈妈的位置了吗？

图4图2：琴鸡。

图9图3：野鸭。

图7图6：燕雀。

图5图8：红脚隼。

图1图10：鹇鹛。

如果你按照上面的顺序，排列对了，那么每一只流浪的小鸟的左边就是它的爸爸，右边就是它的妈妈。

第五场测验

图1和图2是灰沙燕和雨燕。雨燕是我们这里的燕子中最大的一种，它的翅膀像镰刀，长长的。

图3和图4是金腰燕和家燕（它的尾巴像两条细辫子。）

图5是飞行中的红隼的影子。

图6是飞行中的鹞鹰的影子。

图7是飞行中的兀鹰的影子。

图8是飞行中黑鸢的影子。

图9是飞行中河鹗的影子。

图10是飞行中的雕的影子。

请把这些鸟的影子画到笔记本上，并记住它们。

请注意：隼的翅膀像把镰刀，尖尖的；鹞鹰的翅膀朝里弯；兀鹰的尾巴尖呈圆弧形；黑鸢的尾巴尖可见三角形的缺口；河鹗的翅膀棱角分明，尾巴像被砍断了一截，直溜溜的；雕的翅膀又宽又大，翅膀尖上的羽毛分叉开来。

基特·韦利卡诺夫对故事的解释

钓鱼人的故事

雨燕不住在陡岸上，这是灰沙燕，完全是另外一种鸟。雨燕在高楼的屋顶下、钟楼上、教堂里和山岩上筑巢，但从不在陡沙岸上筑巢。如果你答对了，得两分。

在克雷洛夫爷爷时代，有些州，或者那时被叫作省，把山雀（飞蝗或蝈蝈儿）都叫作蜻蜓。因为在俄语中，“蜻蜓”这个词的读音与“吱吱叫”这个词的读音相近，而山雀、飞蝗和蝈蝈儿都会发出叫声。如果钓鱼人认为蚂蚁是在跟纤细的蓝蜻蜓谈话，那么说明他压根儿没理解克雷洛夫爷爷的寓言。要知道，蚂蚁是在谴责蜻蜓，因为它“唱了整整一个夏天”：

你唱完了吗?

真是干了件正经事!

也许该跳舞了吧!

“唱歌”，也就是“吱吱叫”，是山雀在叫，蜻蜓是不会叫的。也就是说，蚂蚁是在跟山雀交谈。你答对了吗？答对的话，得两分。

鸥趴在树墩上。你想，这肯定是在胡说八道吧？并非如此！奥妙在于，鸥不仅趴在树墩上，它们的巢也筑在树墩上。它们在孵蛋！是这么回事：鸥习惯筑巢的低矮的湖岸，今年春天被水淹了洼地，只有树墩的上部露在水面上。而鸥已到了筑巢的时候。它们没有别的办法，只得把草衔到树墩上。这是些鱼鸥。它们把草拖来，给自己筑巢，然后趴在树墩上孵雏鸟。很快水退了下去，而鱼鸥又能躲到哪里去呢？它们一边趴在树墩上孵蛋，一边不时惊奇地朝下看：“我们这些鸥姐妹，怎么能爬到那么高的地方？”答对者得两分。

“维多利亚”麝香草莓是可耻的谎言。没有这种等级的草莓。只不过我们城里人概念混乱，把所有的种植草莓都称为麝香草莓。其实麝香草莓完全是另外一种浆果，它根本不长在我们北方的林子里。它是另外一种形状，另外一种味道，散发出另外一种香气，呈淡白色。我们的树林里长着“维多利亚草莓”“阿娜纳斯草莓”“美人左戈莉娅草莓”，果园里栽种着其他各种等级的草莓，但谁也无权把它们叫作“麝香草莓”。如果你了解这一点，可以得两分。

钓鱼人混淆了三种岸边植物：席草、芦苇和香蒲。席草非常柔软，不长叶子，茎秆里像海绵一样松软。芦苇坚硬多节状，叶子尖尖，是做笛子的理想材料，它的里面是空心的。还有香蒲，也很硬，长着叶子，在茎杆的末端，长着大大的棕色球果。如果你能区分这三种水生植物，得两分。

至于海狸吞吃挂着蠕虫的鱼钩，这是胡说八道，一派胡言！

众所周知，海狸是啮齿动物，不吃任何蠕虫，即使你把虫子涂上了蜜！但是如果有人说："首先，海狸不吃蠕虫；其次，在列宁格勒州已经大约有五百年不繁殖海狸了。"那么，他只能得一分。因为尽管列宁格勒州以前不繁殖海狸，但现在又开始繁殖了。不久前海狸在我们这儿繁殖了。必须了解这一点。

似乎鱼脱钩后，会向其他鱼透露，不要接近鱼钩。这件事根本用不着解释，简直让人厌恶。要是相信这么幼稚的谎言，会很难为情的！得两分。

看来，用一两句话解释不清楚神奇的褐色小鸟这件事。因为钓鱼人钓鱼的湖岸边，正是少年自然科学家小组夏天做实验的地方。这个小组取了个引人入胜的名字，叫"哥伦布俱乐部"。少年自然科学家们小心翼翼地把一种鸟蛋和另外一种鸟蛋互换，由此确定，各种鸟对待别的鸟蛋各不相同。一些鸟接受别的鸟蛋，尽管颜色完全不同；一些鸟则把别的鸟蛋扔出鸟巢。

外表普通的褐色小鸟，即雌朱雀，属于雀科的一种。

它戴着小红帽，长着红胸脯。在它清晰的、充满韵律的啁啾声中，可以听清楚它问大家的问题：“看见尼基塔了吗？”少年自然科学家把它叫作红色的金丝雀。

这种鸟极其有爱心，是位令人感动的忠实的母亲：它接受各种颜色的鸟蛋，忘我地保护它们，无论是自己的还是别人的雏鸟。

钓鱼人偶然走近的，正是少年自然科学家们做实验的朱雀巢。这两只朱雀已经很习惯和人相处了，一点儿也不怕人：它们相信，谁也不会伤害它们。那只正在孵蛋的鸟，不用手指去“请”，甚至都不从鸟巢飞走。得两分。

那只已经孵出雏鸟的朱雀，勇敢地朝人飞过来，啄他的手。得两分。

如果不了解哥伦布俱乐部的故事，肯定不会相信这一点。对吗？

关于布谷鸟这件事，钓鱼人完全是信口开河。这是雄布谷鸟在放声大叫：“咕咕！咕咕！”它在告诉雌布谷鸟：“我在这儿！我在这儿！”这有什么好哭的呢？再说，雌布谷鸟也没什么可同情的：它本身是个无耻之徒，像哥伦布俱乐部的少年自然科学家们那样，它把蛋偷偷地放到别的鸟巢里，自己却满不在乎，还哈哈大笑。它的叫声像极了粗鲁的、尖细的笑声：“嘻嘻嘻嘻嘻嘻嘻嘻嘻！”钓鱼人并不了解布谷鸟是怎么叫的。得两分。

基特·韦利卡诺夫